機械系 教科書シリーズ　18

機 械 力 学 （増補）

工学博士　青木　　繁 著

コ ロ ナ 社

刊行のことば

　大学・高専の機械系のカリキュラムは，時代の変化に伴い以前とはずいぶん変わってきました。

　一番大きな理由は，機械工学がその裾野を他分野に広げていく中で境界領域に属する学問分野が急速に進展してきたという事情にあります。例えば，電子技術，情報技術，各種センサ類を組み込んだ自動工作機械，ロボットなど，この間のめざましい発展が現在の機械工学の基盤の一つになっています。また，エネルギー・資源の開発とともに，省エネルギーの徹底化が緊急の課題となっています。最近では新たに地球環境保全の問題が大きくクローズアップされ，機械工学もこれを従来にも増して精神的支柱にしなければならない時代になってきました。

　このように学ぶべき内容が増えているにもかかわらず，他方では「ゆとりある教育」が叫ばれ，高専のみならず大学においても卒業までに修得すべき単位数が減ってきているのが現状です。

　私は 1968 年に高専に赴任し，現在まで三十数年間教育現場に携わってまいりました。当初に比べて最近では機械工学を専攻しようとする学生の目的意識と力がじつにさまざまであることを痛感しております。こうした事情は，大学をはじめとする高等教育機関においても共通するのではないかと思います。

　修得すべき内容が増える一方で単位数の削減と多様化する学生に対応できるように，「機械系教科書シリーズ」を以下の編集方針のもとで発刊することに致しました。

1. 　機械工学の現分野を広く網羅し，シリーズの書目を現行のカリキュラムに則った構成にする。

2. 　各書目においては基礎的な事項を精選し，図・表などを多用し，わかり

やすい教科書作りを心がける。

3. 執筆者は現場の先生方を中心とし，演習問題には詳しい解答を付け自習も可能なように配慮する。

現場の先生方を中心とした手作りの教科書として，本シリーズを高専はもとより，大学，短大，専門学校などで機械工学を志す方々に広くご活用いただけることを願っています。

最後になりましたが，本シリーズの企画段階からご協力いただいた，平井三友 幹事，阪部俊也，丸茂榮佑，青木繁の各委員および執筆を快く引き受けていただいた各執筆者の方々に心から感謝の意を表します。

2000 年 1 月

編集委員長　木本　恭司

ま　え　が　き

　機械力学は，機械の運動に関することを扱うものである。「機械力学」のタイトルのついた多くの本が出版されているが，その内容は広範囲にわたっている。本によっては主として工業力学を扱ったもの，機構学を扱ったもの，場合によっては材料力学あるいは自動制御に関連する内容を扱ったものなどがある。一般には，物体の運動を解明するために用いられる動力学を扱い，特に振動に関連する内容を扱ったものが多い。

　本書では，おもに振動に関連する内容を取り入れた。振動といっても対象としては，ばねにおもりをつるしたものや，糸におもりを付けた振り子のような簡単なものから大形のプラントのような複雑なものまである。近年，振動が大きな社会問題となっている。例えば，家庭用機器，産業用機械や交通機関などによって発生する振動・騒音や，大地震における建物などの振動がある。このような振動を防止し，問題を解決することも振動を学ぶ一つの目的である。

　これらのことを踏まえ，本書では，振動の基礎的なことについて記述することにする。1 章では，振動を学ぶうえで知らなければならない，力学の基礎，および振動問題を解くために必要な数学を扱う。これらの知識がある読者は，2 章から始めて，必要に応じて参考にして欲しい。

　2 章と 3 章では，振動を考えるうえで最も基本となる 1 自由度系振動について述べる。2 章では，最初に条件を与えて，その後は力を加えない場合の振動である，自由振動を扱う。衝撃的な力を受けた場合の振動についてもこの章で示す。この章で出てくる「固有振動数」および「減衰比」は，3 章以降でも頻繁に出てくる。3 章では，正弦波で表される規則的な力や変位を入力として受ける 1 自由度系の強制振動について述べる。4 章では，多自由度系の振動を解くための基礎となる 2 自由度系の振動について述べる。2 自由度系になると

計算が複雑になる。まず，自由振動を求める方法を示し，自由振動の特徴について述べる。さらに強制振動についても示す。5 章では，2 自由度系で述べたことを応用して，多自由度系の振動を解くための方法について述べる。6 章では，連続体の振動について述べ，弦，棒およびはりの振動を扱う。連続体の振動を求める方法を示し，振動の特徴についても扱った。

　7 章では，回転体に伴う振動問題の基礎について述べ，おもに不釣合いのある回転体の振動を扱う。不釣合いのある回転体を釣り合わせる方法も示した。8 章では，3 章および 4 章の内容を応用した振動の防止について述べる。3 章および 4 章で述べたことを別の観点から見ることにより，振動を防止する方法を示した。また，動吸振器およびフードダンパについても述べる。9 章および 10 章では，2〜4 章で扱ったことを，それぞれ複素数およびラプラス変換を用いて解く方法について述べる。複素数またはラプラス変換を用いると，振動の計算を容易に解くことができる。

　理工系の教科書は，最初から最後まで読んで理解するというものではない。途中の式の展開や，得られた結果と実際の現象との対応を考え，問題も自分で解いてみなければなかなか力はつかない。本書では，できるだけ式の展開をわかりやすく記述した。しかしながら，読者自身もノートなどに式の展開をして，確実に自分のものにして欲しい。式の展開方法には，いくつかの方法があり得るので，本書で示した方法とは別の展開方法などもあり得る。演習問題†についても別の解き方もあり得る。演習問題も例題などを参考に，できるだけ解答に頼らずに解いて欲しい。

　振動は奥の深い分野である。本書で扱った内容のほかに，不規則振動や非線形振動，あるいは音響なども振動を考えるうえで重要である。また，連続体や平面や立体の振動も興味のある問題であるし，振動の計測や測定の原理なども重要である。これらについては専門書も数多く出版されているので，さらに知識を深めて欲しい。

2004 年 7 月　　　　　　　　　　　　　　　　　　　　著　　　者

---

† 13 刷にあたり，演習問題（☆印）を追加した。

目　　　　　次

1.　総　　　論

2.　1自由度系の振動

3．　1自由度系の強制振動

4．　2自由度系の振動

5．　多自由度系の振動

6．　連 続 体 の 振 動

7. 回転体の振動

8. 振動の防止

9. 複素数による振動計算

10.　ラプラス変換による振動計算

1

総　　　論

　振動を扱ううえで大切なことは，運動を数学的に記述し，それを数学的に
解くことである。そのためには，力の釣合いを考えるための力学について知
らなければならない。さらに，力学でものを考える場合には，実際の構造物
をモデル化しなければならない。ここでは，これらの基本的なことについて
記述する。

1.1　力 学 の 基 礎

　力学の基礎になる法則は，有名な**ニュートンの法則**（Newton's laws of
motion）である。第1法則は慣性の法則で，物体に力が加わらない限り静止
している物体は静止し，運動している物体は等速直線運動をする。第2法則は
力が作用する物体の運動に関する法則で，物体に力が作用すると質量に応じた
加速度を生じる。力は質量と加速度の積となる。第3法則は作用・反作用の法
則で，物体に力を加えるとその物体から反対向きで同じ大きさの力を受ける。
これらの法則の中で振動に関するものは第2法則である。

　力を F とし，m を質量，a を加速度とすると次式で表される。

$$ma = F \tag{1.1}$$

この式から次式が得られる。

$$F - ma = 0 \tag{1.2}$$

　この式は，**ダランベールの原理**（d'Alember's principle）と呼ばれ，ma で
表される慣性力を見かけの力と考え，物体に作用する力との差が0になること

を表している。すなわち，振動のように時間的に変化するような運動に対しても，静的な力の釣合いと同様に考えてよいことを示している。

　振動では，慣性力と物体に作用する力を別に扱ったほうが考えやすいので，本書では式（*1.1*）を使う。

1.2　力 学 モ デ ル

　振動を数学的に解くためには，**運動方程式**（equation of motion）と呼ばれる**微分方程式**（differential equation）を導く必要がある。そのためには，運動する物体あるいは構造物に対する運動方程式を導きやすいようにしなければならない。その過程で，理想化や簡略化などをすることもある。このことをモデル化という。

　例えば，**図 *1.1*** に示すような自由端におもりの付いた片持ばりの振動を解く場合を考える。片持ばりの振動は，自由端が一番揺れやすいことが予測される。自由端の振動だけを知りたい場合には，質量を自由端に集中させ，はり自体をばねとすると，**図 *1.2*** に示すようなおもりとばねによって形成される力学モデルを考えればよい。このモデルで，おもりに相当する部分は質点と呼ばれる。質点は大きさがない点で，そこに質量が集中していると考えられる点である。このような点として重心を選ぶことが多い。

　力学モデルで使われる記号としては，**図 *1.3*** に示すようなものがある。

図 *1.1* 　自由端におもりの付いた
片持ばり

図 *1.2* 　おもりとばねに
よる力学モデル

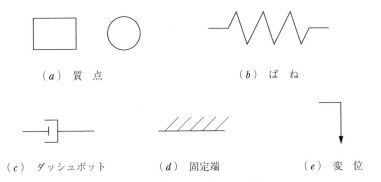

(a) 質 点　　　　(b) ば ね

(c) ダッシュポット　　(d) 固定端　　(e) 変 位

図 1.3　力学モデルで使われる記号

1.3　運 動 方 程 式

　本書で扱う運動方程式として記述される微分方程式は，一般に，2階の定数係数線形微分方程式である。数学では関数として $y(x)$ を用いることが多く，この場合は x が独立変数，y が従属変数である。したがって，導関数は dy/dx で表される。振動では時間に関する量を扱うので，関数として $x(t)$ を用いる。この場合は t が独立変数で x が従属変数である。したがって，導関数は dx/dt で表される。詳細は 2 章で述べるが，つぎの微分方程式を考える。

$$a \frac{d^2 x}{dt^2} + b \frac{dx}{dt} + cx = 0 \tag{1.3}$$

この微分方程式の解は $x = e^{\lambda t}$ とおいて式（1.3）に代入すると

$$(a\lambda^2 + b\lambda + c)e^{\lambda t} = 0 \tag{1.4}$$

両辺を $e^{\lambda t}$ で割ると

$$a\lambda^2 + b\lambda + c = 0 \tag{1.5}$$

　式（1.5）は λ に関する 2 次方程式であるから，判別式 $b^2 - 4ac$ によって，異なる 2 実根，重根，虚根をもつ場合がある。それぞれの場合について式（1.3）の微分方程式の解はつぎのようになる。

　（1）　異なる 2 実根 λ_1 および λ_2 をもつ（$b^2 - 4ac > 0$）場合

$$x = C_1 e^{\lambda_1 t} + C_2 e^{\lambda_2 t} \qquad\qquad (1.6)$$

（2）　重根 λ をもつ（$b^2 - 4ac = 0$）場合

$$x = (C_1 + C_2 t) e^{\lambda t} \qquad\qquad (1.7)$$

（3）　虚根（共役複素数）$\lambda_1 = A + Bi$ および $\lambda_2 = A - Bi$ をもつ（$b^2 - 4ac < 0$）場合

$$x = e^{At}(C_1 \cos Bt + C_2 \sin Bt) \qquad\qquad (1.8)$$

ここで，C_1 および C_2 は任意定数であり，初期条件（$t = 0$ のときの x および dx/dt の条件）によって決まる。

例題 1.1　つぎの微分方程式の解を求めよ。

（1）　$\dfrac{d^2 x}{dt^2} + 8 \dfrac{dx}{dt} + 15x = 0$

（2）　$\dfrac{d^2 x}{dt^2} - 4 \dfrac{dx}{dt} + 4x = 0$

（3）　$\dfrac{d^2 x}{dt^2} + 2 \dfrac{dx}{dt} + 4x = 0$

【解答】　（1）　$x = e^{\lambda t}$ とおくと式（1.5）は

$$\lambda^2 + 8\lambda + 15 = 0$$

となり，判別式より

$$8^2 - 4 \times 1 \times 15 > 0$$

であるから異なる2実根をもつ。$\lambda_1 = -5$ および $\lambda_2 = -3$ となるので，式（1.6）から

$$x = C_1 e^{-5t} + C_2 e^{-3t}$$

（2）　$x = e^{\lambda t}$ とおくと式（1.5）は

$$\lambda^2 - 4\lambda + 4 = 0$$

となり，判別式より

$$(-4)^2 - 4 \times 1 \times 4 = 0$$

であるから重根をもつ。$\lambda = 2$ となるので，式（1.7）から

$$x = (C_1 + C_2 t) e^{2t}$$

（3）　$x = e^{\lambda t}$ とおくと式（1.5）は

$$\lambda^2 + 2\lambda + 4 = 0$$

となり，判別式より

$$2^2 - 4 \times 1 \times 4 < 0$$

であるから虚根をもつ。$\lambda_1 = -1 + \sqrt{3}\,i$ および $\lambda_2 = -1 - \sqrt{3}\,i$ となるので，式 (1.8) から

$$x = e^{-t}(C_1 \cos \sqrt{3}\,t + C_2 \sin \sqrt{3}\,t) \qquad \qquad \diamondsuit$$

1.4　三　角　関　数

　本書では振動を扱うので，微分方程式が式 (1.8) の解をもつ場合を対象とする。規則正しい振動は，図 **1.4** に示すような一定の角速度で円運動をする点の x 軸または y 軸上への投影となる。点が x 軸上の $(r, 0)$ から反時計回りに一定の角速度 ω で回転すると

$$x = r \cos \omega t \qquad \qquad (1.9)$$

$$y = r \sin \omega t \qquad \qquad (1.10)$$

で表される。式 (1.9) および式 (1.10) の時間 t に関する微分は

$$\frac{dx}{dt} = -r\omega \sin \omega t \qquad \qquad (1.11)$$

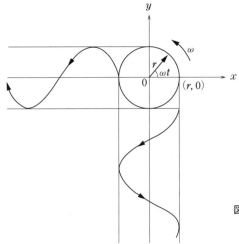

図 1.4　一定の角速度で円運動をする点の x 軸および y 軸上への投影

$$\frac{dx}{dt} = r\omega \cos \omega t \tag{1.12}$$

一方, 式 (1.9) および式 (1.10) の時間 t に関する積分は

$$\int r \cos \omega t dt = \frac{r}{\omega} \sin \omega t + C \tag{1.13}$$

$$\int r \sin \omega t dt = -\frac{r}{\omega} \cos \omega t + C \tag{1.14}$$

1.5 行   列

つぎのように縦と横に数を並べたものを**行列** (matrix) と呼ぶ。

$$A = \begin{bmatrix} a_{11} & a_{12} & a_{13} & \cdots & a_{1j} & \cdots & a_{1n} \\ a_{21} & a_{22} & a_{23} & \cdots & a_{2j} & \cdots & a_{2n} \\ \vdots & \vdots & \vdots & \vdots & \vdots & \vdots & \vdots \\ a_{i1} & a_{i2} & a_{i3} & \cdots & a_{ij} & \cdots & a_{in} \\ \vdots & \vdots & \vdots & \vdots & \vdots & \vdots & \vdots \\ a_{m1} & a_{m2} & a_{m3} & \cdots & a_{mj} & \cdots & a_{mn} \end{bmatrix} \tag{1.15}$$

行列では横の数の並びを行と呼び, 縦の数の並びを列と呼ぶ。行列 A は m 行 n 列で, $m \times n$ とも書く。a_{ij} を行列 A の i 行 j 列の要素と呼ぶ。

〔**1**〕 **行列の加減算** A, B および C が $m \times n$ の行列であり, b_{ij} を行列 B の, c_{ij} を行列 C の i 行 j 列の要素とする。行列の加減算 $C = A \pm B$ の要素は

$$c_{ij} = a_{ij} \pm b_{ij}   （複号同順） \tag{1.16}$$

となる。

〔**2**〕 **行列の積** A および B がそれぞれ $l \times m$ および $m \times n$ の行列であるとすると, 行列の積 $C = AB$ の要素は

$$c_{ij} = \sum_{k=1}^{m} a_{ik}b_{kj} \tag{1.17}$$

となる。また, C は $l \times n$ の行列となる。

例題 1.2　つぎの行列 A と B の和を求めよ。

$$A = \begin{bmatrix} 1 & 2 & 4 \\ -3 & 5 & 1 \end{bmatrix}, \quad B = \begin{bmatrix} -3 & 6 & -1 \\ 4 & 7 & -2 \end{bmatrix}$$

【解答】　式 (1.16) から

$$C = A + B = \begin{bmatrix} 1-3 & 2+6 & 4-1 \\ -3+4 & 5+7 & 1-2 \end{bmatrix} = \begin{bmatrix} -2 & 8 & 3 \\ 1 & 12 & -1 \end{bmatrix}$$

◇

例題 1.3　つぎの行列 A と B の積を求めよ。

$$A = \begin{bmatrix} 1 & 2 & 4 \\ -3 & 5 & 1 \end{bmatrix}, \quad B = \begin{bmatrix} -3 & 4 \\ 6 & 7 \\ -1 & -2 \end{bmatrix}$$

【解答】　式 (1.17) から

$$C = AB$$
$$= \begin{bmatrix} 1 \times (-3) + 2 \times 6 + 4 \times (-1) & 1 \times 4 + 2 \times 7 + 4 \times (-2) \\ (-3) \times (-3) + 5 \times 6 + 1 \times (-1) & (-3) \times 4 + 5 \times 7 + 1 \times (-2) \end{bmatrix}$$
$$= \begin{bmatrix} 5 & 10 \\ 38 & 21 \end{bmatrix}$$

◇

行列の積を応用して，連立方程式を行列を使って表すことができる。

例題 1.4　つぎの連立方程式を行列で表せ。

$$\begin{cases} 4x + 3y = 11 \\ 2x + y = 5 \end{cases}$$

【解答】

$$\begin{bmatrix} 4 & 3 \\ 2 & 1 \end{bmatrix} \begin{Bmatrix} x \\ y \end{Bmatrix} = \begin{Bmatrix} 11 \\ 5 \end{Bmatrix}$$

◇

1.6 行　列　式

行の数と列の数が等しい行列に対して**行列式**（determinant）はつぎのように計算できる。ここでは 2×2 および 3×3 の場合について示す。

$$\begin{vmatrix} a_{11} & a_{12} \\ a_{21} & a_{22} \end{vmatrix} = a_{11}a_{22} - a_{12}a_{21} \tag{1.18}$$

$$\begin{vmatrix} a_{11} & a_{12} & a_{13} \\ a_{21} & a_{22} & a_{23} \\ a_{31} & a_{32} & a_{33} \end{vmatrix} = a_{11}a_{22}a_{33} + a_{12}a_{23}a_{31} + a_{13}a_{21}a_{32} - a_{13}a_{22}a_{31}$$

$$- a_{12}a_{21}a_{33} - a_{11}a_{32}a_{23} \tag{1.19}$$

式（1.19）からわかるように，斜め方向に積をとり，右下方向に積をとった場合には"＋"，左下方向に積をとった場合には"－"とする。

例題 *1.5* つぎの行列式の値を求めよ。

$$\begin{vmatrix} 4 & 3 & -3 \\ -2 & 5 & -2 \\ 6 & -3 & 2 \end{vmatrix}$$

【解答】

$$\begin{vmatrix} 4 & 3 & -3 \\ -2 & 5 & -2 \\ 6 & -3 & 2 \end{vmatrix} = 4 \times 5 \times 2 + 3 \times (-2) \times 6 + (-3) \times (-3) \times (-2)$$

$$- (-3) \times 5 \times 6 - 3 \times (-2) \times 2 - 4 \times (-3) \times (-2)$$

$$= 40 - 36 - 18 + 90 + 12 - 24 = 64 \qquad \diamond$$

4×4 以上の行列式については式（1.18）および式（1.19）は使えないが，この場合には任意の行または列の要素を行列式の外へ出し，余因子を用いて 3×3 または 2×2 の行列式にすることによって全体の行列式の値を求めることができる。本書では 4×4 までの知識があれば十分であるので，つぎの例題で説明する。

例題 1.6 つぎの行列式の値を求めよ。

$$\begin{vmatrix} 3 & 2 & 2 & 4 \\ 2 & 3 & -1 & -2 \\ -3 & 1 & 4 & 2 \\ -2 & 2 & 1 & -1 \end{vmatrix}$$

【解答】 1行目に着目する。1行1列の要素は3である。行列式から1行目と1列目のすべての要素を除いた行列式は

$$\begin{vmatrix} 3 & -1 & -2 \\ 1 & 4 & 2 \\ 2 & 1 & -1 \end{vmatrix}$$

この行列に1行1列の要素3を乗じて，この要素の行と列の和（行列の要素を a_{ij} としたときの $i+j$）が奇数ならば"−"とする。1行1列の場合は，行と列の和が $1+1=2$ で偶数であるから3の符号はそのままでよい。したがって，次式を計算する。

$$3\begin{vmatrix} 3 & -1 & -2 \\ 1 & 4 & 2 \\ 2 & 1 & -1 \end{vmatrix} = 3 \times \{3 \times 4 \times (-1) + (-1) \times 2 \times 2 + (-2) \times 1$$
$$\times 1 - (-2) \times 4 \times 2 - (-1) \times 1 \times (-1) - 3 \times 1 \times 2\}$$
$$= 3 \times (-12 - 4 - 2 + 16 - 1 - 6) = -27$$

つぎに，1行2列の要素は2であり，行と列の和は $1+2=3$ で奇数であるから"−"を付ける。したがって，行列式から1行目と2列目のすべての要素を除いた行列式に2を乗じて"−"を付けると

$$-2\begin{vmatrix} 2 & -1 & -2 \\ -3 & 4 & 2 \\ -2 & 1 & -1 \end{vmatrix} = (-2) \times \{2 \times 4 \times (-1) + (-1) \times 2 \times (-2)$$
$$+ (-2) \times 1 \times (-3) - (-2) \times 4 \times (-2)$$
$$- (-1) \times (-3) \times (-1) - 2 \times 1 \times 2\}$$
$$= (-2) \times (-8 + 4 + 6 - 16 + 3 - 4) = 30$$

1行3列の要素2と1行4列の要素4を用いると，同様にして

$$2 \begin{vmatrix} 2 & 3 & -2 \\ -3 & 1 & 2 \\ -2 & 2 & -1 \end{vmatrix} = 2 \times \{ 2 \times 1 \times (-1) + 3 \times 2 \times (-2) + (-2)$$
$$\times 2 \times (-3) - (-2) \times 1 \times (-2)$$
$$- 3 \times (-3) \times (-1) - 2 \times 2 \times 2 \}$$
$$= 2 \times (-2 - 12 + 12 - 4 - 9 - 8) = -46$$

$$-4 \begin{vmatrix} 2 & 3 & -1 \\ -3 & 1 & 4 \\ -2 & 2 & 1 \end{vmatrix} = (-4) \times \{ 2 \times 1 \times 1 + 3 \times 4 \times (-2) + (-1)$$
$$\times 2 \times (-3) - (-1) \times 1 \times (-2) - 3$$
$$\times (-3) \times 1 - 2 \times 2 \times 4 \}$$
$$= (-4) \times (2 - 24 + 6 - 2 + 9 - 16) = 100$$

行列式の値は，これらの数値を加えることによって求めることができる。したがって

$$\begin{vmatrix} 3 & 2 & 2 & 4 \\ 2 & 3 & -1 & -2 \\ -3 & 1 & 4 & 2 \\ -2 & 2 & 1 & -1 \end{vmatrix} = -27 + 30 - 46 + 100 = 57$$

$\diamondsuit$

行列式を使って連立方程式を解くことができる。ここで，つぎの連立方程式を考える。

$$\begin{cases} a_1 x + a_2 y = c_1 \\ a_3 x + a_4 y = c_2 \end{cases} \tag{1.20}$$

行列表示すると

$$\begin{bmatrix} a_1 & a_2 \\ a_3 & a_4 \end{bmatrix} \begin{Bmatrix} x \\ y \end{Bmatrix} = \begin{Bmatrix} c_1 \\ c_2 \end{Bmatrix} \tag{1.21}$$

x と y の分母は，x と y の係数からなる行列式で求まる。すなわち

$$\begin{vmatrix} a_1 & a_2 \\ a_3 & a_4 \end{vmatrix} = a_1 a_4 - a_2 a_3 \tag{1.22}$$

x の分子は，x の係数を右辺の係数で置き換えてできる行列式で求まる。すなわち

$$\begin{vmatrix} c_1 & a_2 \\ c_2 & a_4 \end{vmatrix} = c_1 a_4 - a_2 c_2 \tag{1.23}$$

y の分子は，y の係数を右辺の係数で置き換えてできる行列式で求まる。すなわち

$$\begin{vmatrix} a_1 & c_1 \\ a_3 & c_2 \end{vmatrix} = a_1 c_2 - c_1 a_3 \tag{1.24}$$

したがって

$$\left. \begin{aligned} x &= \frac{c_1 a_4 - a_2 c_2}{a_1 a_4 - a_2 a_3} \\ y &= \frac{a_1 c_2 - c_1 a_3}{a_1 a_4 - a_2 a_3} \end{aligned} \right\} \tag{1.25}$$

例題 1.7 つぎの連立方程式を行列式を用いて解け。

$$\begin{cases} 3x + 2y = 7 \\ 2x + 3y = 3 \end{cases}$$

【解答】 x と y の分母は

$$\begin{vmatrix} 3 & 2 \\ 2 & 3 \end{vmatrix} = 3 \times 3 - 2 \times 2 = 5$$

x の分子は

$$\begin{vmatrix} 7 & 2 \\ 3 & 3 \end{vmatrix} = 7 \times 3 - 2 \times 3 = 15$$

y の分子は

$$\begin{vmatrix} 3 & 7 \\ 2 & 3 \end{vmatrix} = 3 \times 3 - 7 \times 2 = -5$$

したがって

$$x = \frac{15}{5} = 3, \quad y = \frac{-5}{5} = -1$$

◇

1.7 慣性モーメント

1.1 節でニュートンの第2法則について述べたが，これは直線運動（一般に並進運動と呼ばれる）に対するものである。振動問題では，振り子や剛体の運動などを考える場合に回転運動を考慮する必要がある。この場合には，ニュートンの第2法則はつぎのように記述される。

$$I_o \frac{d^2\theta}{dt^2} = N_o \qquad\qquad (1.26)$$

ここで，I_o は回転中心に関する**慣性モーメント**（moment of inertia），N_o は回転中心に作用するモーメントである。θ は角変位（一般に rad の単位で表される）であるので，$d^2\theta/dt^2$ は角加速度である。I_o は次式で得られる。

$$I_o = \int_v r^2 dm \qquad\qquad (1.27)$$

この式は，回転中心から距離 r の位置にある質量 dm の慣性モーメントが $r^2 dm$ であり，これをその物体の全体積 v にわたって積分するという意味である。

例題 *1.8* 図 *1.5* に示すような，質量が M で長さが l の一様な密度の細い棒の中心 G に関する慣性モーメントを求めよ。また，一端 A に関する慣性モーメントを求めよ。

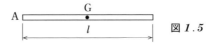

図 *1.5*

【解答】 中心 G に関する慣性モーメント I_G は，つぎのように求める。単位長さ当りの質量を γ とすると，中心から r 離れた位置の長さ dr の棒の質量 dm は γdr である。したがって，この部分の慣性モーメントは $r^2 \gamma dr$ である。これを棒全体にわたって積分すると

$$I_G = \int_{-l/2}^{l/2} r^2 \gamma dr = \gamma \left[\frac{r^3}{3} \right]_{-l/2}^{l/2} = \frac{\gamma l^3}{12}$$

ここで，$M = \gamma l$ であるから

$$I_G = \frac{Ml^2}{12}$$

一端 A に関する慣性モーメント I_A は，つぎのように求める。単位長さ当りの質量を γ とすると，一端 A から r 離れた位置の長さ dr の棒の質量 dm は γdr である。したがって，この部分の慣性モーメントは $r^2 \gamma dr$ である。これを棒全体にわたって積分すると

$$I_A = \int_0^l r^2 \gamma dr = \gamma \left[\frac{r^3}{3} \right]_0^l = \frac{\gamma l^3}{3}$$

ここで，$M = \gamma l$ であるから

$$I_A = \frac{Ml^2}{3}$$

$\Diamond$

■ コーヒーブレイク

三角関数における表示上の約束

三角関数は

$$x = r \sin \omega t$$

のように表される。この三角関数を微分した答として

$$\frac{dx}{dt} = r \sin \omega$$

とする学生がいる。これは

$$x = a \sin \omega \cdot t$$

と考えているからである。三角関数では独立変数が現れるまでは括弧（かっこ）を付けない。そのため，$x = r \sin \omega t$ と書いた場合には

$$x = a \sin (\omega t)$$

のことであり，ωt の sin である。**2** 章ではつぎのような式が現れる。

$$x = X \sin \sqrt{1 - \xi^2}\, \omega t$$

この式は次式と同じである。

$$x = X \sin (\sqrt{1 - \xi^2}\, \omega t)$$

1.8 平行軸の定理

重心に関する慣性モーメント I_G を用いて重心以外の回転軸に関する慣性モーメント I_o を求めるために，次式で表される平行軸の定理を用いることができる。

$$I_o = I_G + Mh^2 \tag{1.28}$$

ここで，M は物体の全質量，h は回転中心から重心までの距離である。

例題で示した一端 A に関する慣性モーメント I_A は，平行軸の定理を用いても求めることができる。棒の中心が重心に当たるので，重心に関する慣性モーメントは，$I_G = Ml^2/12$ である。回転中心 A から重心 G までの距離は $l/2$ であるから

$$I_A = \frac{Ml^2}{12} + M\left(\frac{l}{2}\right)^2 = \frac{Ml^2}{3}$$

となり，積分で求めた結果と一致する。

演 習 問 題

【1】 つぎの微分方程式を解け。

(1) $\dfrac{d^2x}{dt^2} + 6\dfrac{dx}{dt} + 9x = 0$　　(2) $\dfrac{d^2x}{dt^2} + 2\dfrac{dx}{dt} + 2x = 0$

(3) $\dfrac{d^2x}{dt^2} + 7\dfrac{dx}{dt} + 10x = 0$

【2】☆ 次式で表される行列を計算せよ。

$A + BC$

ただし

$$A = \begin{bmatrix} 2 & -3 & 4 \\ -1 & 5 & -2 \\ 3 & 4 & -1 \end{bmatrix}, \quad B = \begin{bmatrix} 1 & 4 \\ -3 & 5 \\ -2 & -1 \end{bmatrix}, \quad C = \begin{bmatrix} -2 & 1 & 3 \\ 4 & -5 & -3 \end{bmatrix}$$

【3】☆ つぎの行列式を求めよ。

(1) $\begin{vmatrix} 4 & -1 \\ -3 & 2 \end{vmatrix}$　(2) $\begin{vmatrix} 1 & -4 & -1 \\ -2 & 4 & 3 \\ 3 & -1 & 2 \end{vmatrix}$

(3) $\begin{vmatrix} 2 & -3 & 1 & 5 \\ 3 & -4 & -2 & -1 \\ -2 & 1 & 4 & -3 \\ 3 & -1 & -2 & -1 \end{vmatrix}$

【4】 つぎの連立方程式を行列式を使って解け。

(1) $\begin{cases} 2x + y = 5 \\ x + 2y = 4 \end{cases}$　(2) $\begin{cases} 3x - y + 2z = -1 \\ 2x + y - 3z = -6 \\ x - y + z = -1 \end{cases}$

【5】 問図 **1.1** に示す長方形の x 軸回りの慣性モーメントおよび y 軸回りの慣性モーメントを求めよ。また，長辺（x' 軸）回りの慣性モーメントを求めよ。

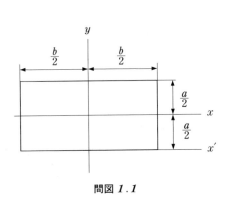

問図 **1.1**

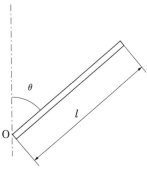

問図 **1.2**

【6】☆ 問図 **1.2** に示すような垂直な軸から θ 傾いた質量が M で長さが l の一様な密度の細い棒の垂直な軸回りの慣性モーメントを求めよ。

2

---

1 自由度系の振動

　物体が外から力を受けずに振動することを**自由振動**（free vibration）と呼ぶ。ここでは，まず振動を学ぶ基礎である**1 自由度系**（single-degree-of-freedom system）の自由振動について述べる。また，衝撃的な入力を受ける 1 自由度系の振動および任意の力を受ける場合の応答の求め方を示す。

2.1　減衰のない 1 自由度系

　まず，振動する物体が最も揺れやすい振動数である固有振動数の求め方を中心に，1 自由度系の自由振動について述べる。

2.1.1　運 動 方 程 式

　図 *2.1* に示すおもりとばねからなるモデルの振動を考える。おもりは質点に当たる。質点の質量を m，ばねのばね定数を k とする。運動方程式は，式

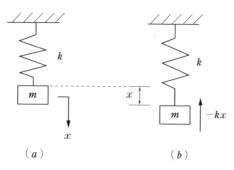

図 *2.1*　おもりとばねからなる力学モデル

(1.1) を用いて導く。慣性力は $m\ddot{x}$† である。質点に作用する力は**図2.1**
(b) に示すようにいま考えている方向（**図2.1**(a)の x の方向，下向き）
に x だけ引っ張った状態を考える。このとき，伸びたばねはもとに戻ろうと
する。これは，フックの法則により，kx の力で質点をもとの位置に戻そうと
する力が働くためである。したがって，kx はいま考えている方向と逆向き
（上向き）に働くから，質点に作用する力は $-kx$ である。

慣性力 = 質点に作用する力であるから，運動方程式は

$$m\ddot{x} = -kx \tag{2.1}$$

右辺を左辺に移項すると

$$m\ddot{x} + kx = 0 \tag{2.2}$$

式 (2.2) の両辺を m で割ると

$$\ddot{x} + \frac{k}{m}x = 0 \tag{2.3}$$

ここで

$$\omega_n = \sqrt{\frac{k}{m}} \tag{2.4}$$

とおくと，式 (2.3) は

$$\ddot{x} + \omega_n^2 x = 0 \tag{2.5}$$

式 (1.4) と同じように，$x = e^{\lambda t}$ とおくと

$$(\lambda^2 + \omega_n^2)e^{\lambda t} = 0 \tag{2.6}$$

両辺を $e^{\lambda t}$ で割ると

$$\lambda^2 + \omega_n^2 = 0 \tag{2.7}$$

したがって

$$\lambda = \pm\omega_n i \tag{2.8}$$

この根は複素数であり，式 (1.8) を用いると

$$x = C_1\cos\omega_n t + C_2\sin\omega_n t \tag{2.9}$$

C_1 および C_2 は，初期条件（$t = 0$ のときの x および $\dot{x}$ の値）によって決ま

---

† $x(t)$ の時間に関する微分 dx/dt を $\dot{x}$，d^2x/dt^2 を $\ddot{x}$ と書くことにする。

る定数である。$t = 0$ のとき $x = x_0$, $\dot{x} = v_0$ とすると, $t = 0$ で

$$x = C_1 = x_0 \tag{2.10}$$

また

$$\dot{x} = -\omega_n C_1 \sin \omega_n t + \omega_n C_2 \cos \omega_n t \tag{2.11}$$

$t = 0$ で

$$\dot{x} = \omega_n C_2 = v_0 \tag{2.12}$$

したがって

$$C_2 = \frac{v_0}{\omega_n} \tag{2.13}$$

式 (2.10) および式 (2.13) から式 (2.9) は

$$x = x_0 \cos \omega_n t + \frac{v_0}{\omega_n} \sin \omega_n t \tag{2.14}$$

ここで

$$X = \sqrt{x_0{}^2 + \left(\frac{v_0}{\omega_n}\right)^2} \tag{2.15}$$

とおくと

$$x = X\left(\frac{x_0}{X} \cos \omega_n t + \frac{1}{X} \cdot \frac{v_0}{\omega_n} \sin \omega_n t\right) \tag{2.16}$$

さらに

$$\cos \alpha = \frac{x_0}{X}, \quad \sin \alpha = \frac{1}{X} \cdot \frac{v_0}{\omega_n} \tag{2.17}$$

とおくと, $\sin^2 \alpha + \cos^2 \alpha = 1$ となる。式 (2.17) を使うと, 式 (2.16) はつぎのように書くことができる。

$$x = X \cos (\omega_n t - \alpha) \tag{2.18}$$

ここで

$$\alpha = \tan^{-1}\left(\frac{v_0}{x_0 \omega_n}\right) \tag{2.19}$$

である。

　式 (2.18) を図示すると, 図 2.2 のようになる。X は振動の大きさを表し, 振幅 (amplitude) と呼ばれる。図 2.2 の山と谷の差 $2X$ を全振幅と呼

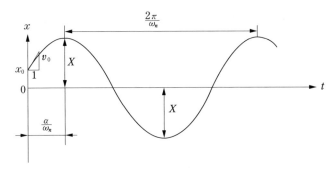

図 2.2 減衰のない1自由度系の応答

び，X を片振幅と呼ぶこともある。α は**位相角** (phase angle) であり，$x = X \cos \omega_n t$ との波形のずれを表す。この場合，位相角は負であるから，時間軸上で α/ω_n だけ $x = X \cos \omega_n t$ から遅れた波形となっている。ω_n は**固有円振動数** (natural circular frequency) であり，rad/s の単位をもつ。2π rad で1周期を表すので，$f_n = \omega_n/2\pi$ で表される**固有振動数** (natural frequency) がよく用いられ，f_n は Hz の単位をもつ。また，f_n の逆数である振動波形の山とつぎの山，あるいは谷とつぎの谷のあいだの時間を表す**固有周期** (natural period) $T_n = 1/f_n = 2\pi/\omega_n$ も使われ，T_n は s（秒）の単位をもつ。

例題 2.1 質量が 2 kg，ばね定数 k が 8 000 N/m である1自由度系の固有円振動数，固有振動数および固有周期を求めよ。また，初期条件が $x_0 = 0.3$ m，$v_0 = 8$ m/s のときの振幅および位相角を求め，x の概形を描け。

【解答】 固有円振動数は式 (2.4) から

$$\omega_n = \sqrt{\frac{8\,000}{2}} = 63.2\,\text{rad/s}$$

固有振動数は

$$f_n = \frac{\omega_n}{2\pi} = 10.1\,\text{Hz}$$

固有周期は

$$T_n = \frac{1}{f_n} = 0.099\,\text{s}$$

振幅は，式 (2.15) から

$$X = \sqrt{0.3^2 + (8/63.2)^2} = 0.33\,\mathrm{m}$$

位相角は式（2.19）から

$$a = \tan^{-1}\left(\frac{8}{0.3 \times 63.2}\right) = 0.40\,\mathrm{rad}\quad(= 23°)$$

振幅，位相角および固有振動数から，x は図2.3のようになる。

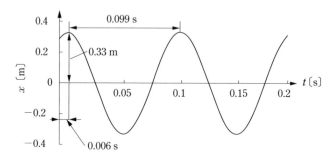

図2.3　応答波形　　　　　　　　　◇

2.1.2　1自由度系の例

〔1〕　重力を考慮した場合の振動　　図2.4（a）に示した1自由度系に重力を考慮した場合の振動について考える。重力加速度を g とすると，重力が作用すると図2.4（b）に示すように下向きに mg の力が働く。この力が働くことによってばねが x_{st} だけ伸びる。そのため，ばねはもとの長さに縮もうとするので，上向きに kx_{st} の力が働く。

一方，図2.4（c）に示すようにばねが x_{st} だけ伸びた位置からの変位を x

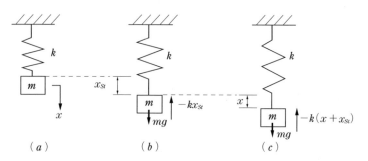

図2.4　重力を考えた場合の力学モデル

とすると，質点にはさらに上向きに kx の力が働く。したがって，質点に作用する力として重力およびばねが x_{st} だけ伸びた場合にばねに生じる力を式 (2.1) に加えると

$$m\ddot{x} = -kx + mg - kx_{st} \tag{2.20}$$

また，x_{st} だけ伸びたときにばねに生じる力は重力と釣り合うから

$$mg - kx_{st} = 0 \tag{2.21}$$

式 (2.21) を用いると，式 (2.20) は

$$m\ddot{x} = -kx \tag{2.22}$$

となり，式 (2.1) と同じになる。したがって，ばねが x_{st} だけ伸びて重力 mg と釣り合った位置からの変位で考えれば，重力を考慮した場合でも重力を考慮しない場合と同じように考えればよい。

また，式 (2.21) から

$$\frac{k}{m} = \frac{g}{x_{st}} \tag{2.23}$$

式 (2.23) を式 (2.4) に代入すると

$$\omega_n = \sqrt{\frac{g}{x_{st}}} \tag{2.24}$$

式 (2.24) から，おもりをつるしたときのばねの伸び x_{st} を測定すれば，固有円振動数を求めることができる。

〔2〕**単振り子**　図 2.5 に示す長さ l の糸に質量 m のおもりをつるした振り子の振動を考える。このような振り子は**単振り子** (simple pendulum) と呼ばれる。

この場合は回転運動となるので，モーメントの釣合いを考えなければならない。ただし，単振り子の場合には力の釣合いで運動方程式を導くことができる。この場合は，変位 x ではなく，角変位 θ についての運動方程式になる。振り子が垂直な位置から θ だけ回転した場合のことを考えると，質量の変位は円弧の長さ $l\theta$ であり，垂直方向に作用する重力 mg は，円弧の接線方向と法線方向に分解され，それぞれ $mg\sin\theta$ および $mg\cos\theta$ となる。振動に関

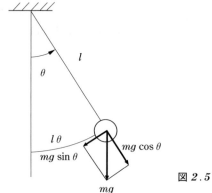

図2.5 単振り子

連する力は接線方向の力である。慣性力は $ml\ddot{\theta}$ であり，質点に作用する接線方向の力の大きさは $mg \sin \theta$ で，おもりを垂直な位置に戻そうとする方向，すなわち θ を減らす方向に働くから，$-mg \sin \theta$ となる。したがって，運動方程式は

$$ml\ddot{\theta} = - mg \sin \theta \qquad (2.25)$$

式 (2.25) をそのまま解くことはやや困難である。θ が十分小さいとすると，つぎの近似式が成り立つ。

$$\sin \theta = \theta \qquad (2.26)$$

式 (2.25) の右辺を左辺に移項し，式 (2.26) を用いると

$$ml\ddot{\theta} + mg\theta = 0 \qquad (2.27)$$

両辺を ml で割ると

$$\ddot{\theta} + \frac{g}{l} \theta = 0 \qquad (2.28)$$

式 (2.28) で

$$\omega_n = \sqrt{\frac{g}{l}} \qquad (2.29)$$

とおくと，式 (2.28) の解は式 (2.5) の解と同じ形式となる。この場合の固有円振動数は式 (2.29) のようになる。

例題 2.2 長さが1mの単振り子の固有振動数を求めよ。

【解答】 固有円振動数 ω_n は

$$\omega_n = \sqrt{\frac{9.8}{1}} = 3.13\,\text{rad/s}$$

また，固有振動数 f_n は

$$f_n = \frac{\omega_n}{2\pi} = 0.50\,\text{Hz} \qquad\qquad \diamondsuit$$

〔**3**〕 **物理振り子** 図 **2.6** のように回転中心点 O を中心にして振動する振り子を**物理振り子**（physical pendulum）と呼ぶ。この振り子では点 O 回りの回転運動を考える。運動方程式は，式（**1.26**）を用いて「慣性力による点 O 回りのモーメント = 物体に作用する点 O 回りのモーメント」により導く。慣性力によるモーメントは慣性モーメントと角加速度の積である。点 O 回りの慣性モーメントを I_o とし，振り子の垂直な位置からの角変位が θ となったときのモーメントの釣合いを考える。

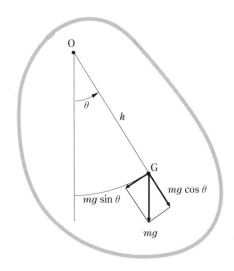

図 2.6 物理振り子

慣性力によるモーメントは $I_o\ddot{\theta}$ である。物体に作用する力は，重心 G に作用する重力である。重力は**図 2.6** のように分解することができる。回転中心点 O 回りのモーメントは，回転中心と重心のあいだの長さ h と回転中心と重心を結んだ線に直角方向に作用する力 $mg\sin\theta$ の積である。さらに，このモーメントは θ を小さくする方向に働くから，$-mgh\sin\theta$ となる。したがっ

て，運動方程式は

$$I_o\ddot{\theta} = - mgh \sin \theta \qquad (2.30)$$

となる。式（2.30）の右辺を左辺に移項すると

$$I_o\ddot{\theta} + mgh \sin \theta = 0 \qquad (2.31)$$

この式をこのまま解くことはやや困難であるが，θ が小さいとすると，$\sin \theta = \theta$ であるから

$$I_o\ddot{\theta} + mgh\theta = 0 \qquad (2.32)$$

両辺を I_o で割ると

$$\ddot{\theta} + \frac{mgh}{I_o} \theta = 0 \qquad (2.33)$$

式（2.28）と比較すると，θ の係数が固有円振動数の自乗となる。したがって

$$\omega_n = \sqrt{\frac{mgh}{I_o}} \qquad (2.34)$$

例題 2.3　**図 2.7** に示す長さ l で質量 m の細い棒の先端に，半径 r で質量 M の球が付いている振り子の固有円振動数を求めよ。ただし，球の重心回りの慣性モーメントは $2Mr^2/5$ である。

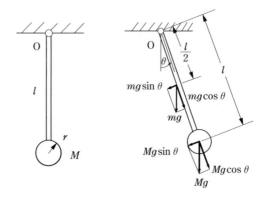

図 2.7　先端におもりのある振り子

【解答】　振り子が垂直な位置から θ 回転した状態のモーメントの釣合いを考える。細い棒の点 O 回りの慣性モーメントは，**例題 1.8** で示したように，$ml^2/3$ である。

また，球の重心回りの慣性モーメントは $2Mr^2/5$ であり，点 O 回りの慣性モーメントは，*1.8* 節で述べた平行軸の定理から，$2Mr^2/5 + Ml^2$ である。したがって，全体の慣性モーメントは，$ml^2/3 + 2Mr^2/5 + Ml^2$ となる。一方，外力は細い棒の重心に働く重力 mg と球の重心に働く重力 Mg である。細い棒の重心に働く重力 mg による点 O 回りのモーメントは $mg\sin\theta\cdot l/2$ であり，球の重心に働く重力 Mg による点 O 回りのモーメントは $Mg\sin\theta\cdot l$ である。したがって，運動方程式は

$$\left(\frac{ml^2}{3} + \frac{2Mr^2}{5} + Ml^2\right)\ddot{\theta} + \left(\frac{mgl}{2} + Mgl\right)\sin\theta = 0$$

θ が十分小さいとすると

$$\left(\frac{ml^2}{3} + \frac{2Mr^2}{5} + Ml^2\right)\ddot{\theta} + \left(\frac{mgl}{2} + Mgl\right)\theta = 0$$

また，両辺を

$$\frac{ml^2}{3} + \frac{2Mr^2}{5} + Ml^2$$

で割ると

$$\ddot{\theta} + \frac{\frac{mgl}{2} + Mgl}{\frac{ml^2}{3} + \frac{2Mr^2}{5} + Ml^2}\theta = 0$$

したがって，固有円振動数は

$$\omega_n = \sqrt{\frac{\frac{mgl}{2} + Mgl}{\frac{ml^2}{3} + \frac{2Mr^2}{5} + Ml^2}}$$

◇

〔**4**〕 **付加集中質量をもつはりの振動**　はりの振動は厳密には **6** 章で述べるように，連続体として扱わなければならない。一般に連続体の振動は複雑である。はり全体の質量と比較して十分に大きな質量をもつ付加質量がある場合には，はりを質量のないばねと考えることによって，簡単に固有振動数などを求めることができる。

図 *2.8* に示すように片持ばりの先端に集中質量 m がある場合の振動を考える。質量には重力 mg が働くから，はりの先端のたわみ δ は次式で表される。

$$\delta = \frac{mgl^3}{3EI} \tag{2.35}$$

この場合のばね定数 k は

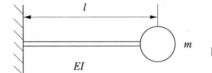

図2.8 先端におもりの
ある片持ばり

$$k = \frac{mg}{\delta} = \frac{3EI}{l^3} \tag{2.36}$$

したがって，固有円振動数は式（2.4）より

$$\omega_n = \sqrt{\frac{k}{m}} = \sqrt{\frac{3EI}{ml^3}} \tag{2.37}$$

2.2 減衰のある1自由度系

物体の振動は外から力を加えない限り，振幅が小さくなり，最終的には止まってしまう。この原因としては，空気抵抗や物体の内部摩擦などがある。この節では，このような振幅が小さくなる現象について述べる。

2.2.1 運 動 方 程 式

図2.9（a）に示すように，質点の運動に抵抗する力を f とする。質点が x だけ動いたときのことを考えると，f は運動を妨げる方向に働くから，運動方

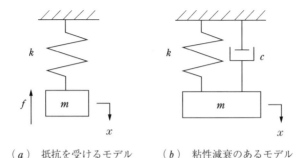

（a） 抵抗を受けるモデル   （b） 粘性減衰のあるモデル

図2.9 減衰のある1自由度系モデル

程式は

$$m\ddot{x} = -kx - f \tag{2.38}$$

右辺を左辺に移項すると

$$m\ddot{x} + f + kx = 0 \tag{2.39}$$

　速度に比例して抵抗する力が働く場合を考える。この場合の比例定数を c とすると

$$f = c\dot{x} \tag{2.40}$$

となる。このような抵抗力を**粘性減衰力**（viscous damping force）と呼び，c を**減衰係数**（damping coefficient）と呼ぶ。この場合の1自由度系は**図 2.9** (*b*) のように表される。運動方程式は

$$m\ddot{x} + c\dot{x} + kx = 0 \tag{2.41}$$

　式 (*2.41*) は線形微分方程式であるので，容易に解くことができる。この微分方程式の解は，**1.3** 節で述べたように，$x = e^{\lambda t}$ とおき，両辺を $e^{\lambda t}$ で割ると

$$m\lambda^2 + c\lambda + k = 0 \tag{2.42}$$

である。式 (*2.42*) は，振動の特徴を表す式であり，**特性方程式**（characteristic equation）と呼ばれる。λ に関する2次方程式の根によって解が異なる。根は

$$\lambda = \frac{-c \pm \sqrt{c^2 - 4mk}}{2m} \tag{2.43}$$

となる。**1.3** 節に示したように，c^2 が $4mk$ より小さい場合に振動することになる。したがって

$$c^2 - 4mk = 0 \tag{2.44}$$

を満足する c は振動するか，あるいは振動しないかの境界値となる。このときの c を c_c と書くと

$$c_c = 2\sqrt{mk} \tag{2.45}$$

ここで，c_c を**臨界減衰係数**（critical damping coefficient）と呼ぶ。次式で表される c と c_c の比を**減衰比**（damping ratio）と呼ぶ。

$$\zeta = \frac{c}{c_c} = \frac{c}{2\sqrt{mk}} \tag{2.46}$$

ζ を用いると，式 (2.41) の運動方程式は

$$\ddot{x} + 2\zeta\omega_n\dot{x} + \omega_n{}^2 x = 0 \tag{2.47}$$

となる。特性方程式は

$$\lambda^2 + 2\zeta\omega_n\lambda + \omega_n{}^2 = 0 \tag{2.48}$$

根 λ は

$$\lambda = -\zeta\omega_n \pm \sqrt{\zeta^2 - 1}\,\omega_n \tag{2.49}$$

である。$\zeta > 1$ のとき，特性方程式は異なる 2 実根 $-\zeta\omega_n + \sqrt{\zeta^2 - 1}\,\omega_n$ およ

び $-\zeta\omega_n - \sqrt{\zeta^2 - 1}\,\omega_n$ をもつ。したがって，運動方程式の解は[†]

$$x = c_1 \exp\{(-\zeta\omega_n + \sqrt{\zeta^2 - 1}\,\omega_n)\,t\} + c_2 \exp\{(-\zeta\omega_n - \sqrt{\zeta^2 - 1}\,\omega_n)\,t\} \tag{2.50}$$

いくつかの初期条件に対する x の時間的な変化を図 **2.10** に示す。この図のように，t が大きくなると振動せずに釣合い位置 $(x = 0)$ に近づく。この状態を**過減衰**（over damping）と呼ぶ。

$\zeta = 1$ のとき，特性方程式は重根 $-\omega_n$ をもつ。したがって，運動方程式の解は

$$x = (c_1 + c_2 t) \exp(-\omega_n t) \tag{2.51}$$

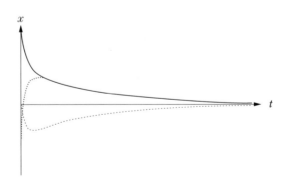

図 2.10 過 減 衰

[†] e^x を $\exp(x)$ と書くことがある。（ ）内の式が長い場合には後者がよく使われる。

いくつかの初期条件に対する x の時間的な変化を図 **2.11** に示す。この場合にも，t が大きくなると振動せずに釣合い位置（$x = 0$）に近づく。この状態は振動する状態としない状態の境界であるので，**臨界減衰**（critical damping）と呼ぶ。

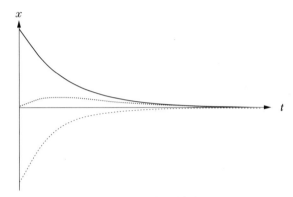

図 **2.11** 臨界減衰

2.2.2 減 衰 振 動

$\zeta < 1$ のとき，特性方程式は，虚根 $-\zeta\omega_n + \sqrt{1 - \zeta^2}\,\omega_n i$ および $-\zeta\omega_n - \sqrt{1 - \zeta^2}\,\omega_n i$ をもつ。したがって，運動方程式の解は

$$x = e^{-\zeta\omega_n t}(c_1 \cos \sqrt{1 - \zeta^2}\,\omega_n t + c_2 \sin \sqrt{1 - \zeta^2}\,\omega_n t) \qquad (2.52)$$

x の時間的な変化を図 **2.12** に示す。この図のように，t が大きくなると振動しながら釣合い位置（$x = 0$）に近づく。c_1 および c_2 は初期条件によって

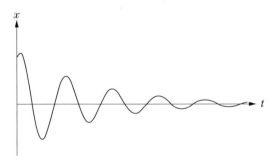

図 **2.12** 減 衰 振 動

決まる。初期条件は $t = 0$ で $x = x_0$, $\dot{x} = v_0$ とする。式 (2.52) に $t = 0$ を代入すると

$$c_1 = x_0 \qquad (2.53)$$

また

$$\dot{x} = -\zeta\omega_n e^{-\zeta\omega_n t}(c_1 \cos\sqrt{1-\zeta^2}\,\omega_n t + c_2 \sin\sqrt{1-\zeta^2}\,\omega_n t)$$
$$- e^{-\zeta\omega_n t}\sqrt{1-\zeta^2}\,\omega_n(c_1 \sin\sqrt{1-\zeta^2}\,\omega_n t - c_2 \cos\sqrt{1-\zeta^2}\,\omega_n t) \qquad (2.54)$$

であるから，$t = 0$ を代入すると

$$v_0 = -\zeta\omega_n c_1 + \sqrt{1-\zeta^2}\,\omega_n c_2 \qquad (2.55)$$

式 (2.53) で与えられる，$c_1 = x_0$ を代入して c_2 を求めると

$$c_2 = \frac{v_0 + \zeta\omega_n x_0}{\sqrt{1-\zeta^2}\,\omega_n} \qquad (2.56)$$

式 (2.52) はつぎのように書くことができる。

$$x = \sqrt{c_1{}^2 + c_2{}^2}\, e^{-\zeta\omega_n t}\left(\frac{c_1}{\sqrt{c_1{}^2 + c_2{}^2}}\cos\sqrt{1-\zeta^2}\,\omega_n t \right.$$
$$\left. + \frac{c_2}{\sqrt{c_1{}^2 + c_2{}^2}}\sin\sqrt{1-\zeta^2}\,\omega_n t\right) \qquad (2.57)$$

ここで

$$\frac{c_1}{\sqrt{c_1{}^2 + c_2{}^2}} = \cos\alpha, \quad \frac{c_2}{\sqrt{c_1{}^2 + c_2{}^2}} = \sin\alpha \qquad (2.58)$$

とおくと，$\cos^2\alpha + \sin^2\alpha = 1$ となり，式 (2.57) は

$$x = De^{-\zeta\omega_n t}\cos(\sqrt{1-\zeta^2}\,\omega_n t - \alpha) \qquad (2.59)$$

式 (2.59) の D および α は

$$D = \sqrt{c_1{}^2 + c_2{}^2}, \quad \alpha = \tan^{-1}\left(\frac{c_2}{c_1}\right) \qquad (2.60)$$

式 (2.53) および式 (2.56) を用いると

$$D = \sqrt{\frac{x_0{}^2\omega_n{}^2 + v_0{}^2 + 2v_0\zeta\omega_n x_0}{(1-\zeta^2)\,\omega_n{}^2}} \qquad (2.61)$$

$$\alpha = \tan^{-1}\left(\frac{v_0 + \zeta\omega_n x_0}{x_0\sqrt{1 - \zeta^2}\,\omega_n}\right) \tag{2.62}$$

式 (2.59) は定数 D を除くと，つぎの二つの式の積である。

$$X_1 = e^{-\zeta\omega_n t} \tag{2.63}$$

$$X_2 = \cos(\sqrt{1 - \zeta^2}\,\omega_n t - \alpha) \tag{2.64}$$

X_1, X_2 および x を図 2.13 に示す。X_1 は t が大きくなると 0 に近づく。

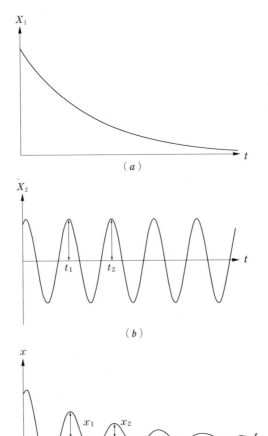

図 2.13 減衰振動

X_2 は一定の周期 $2\pi/(\sqrt{1-\zeta^2}\,\omega_n)$ で振動する関数である。したがって，両者の積である x は振動しながら 0 に近づく。

この振動の固有円振動数は

$$\omega_d = \sqrt{1-\zeta^2}\,\omega_n \qquad\qquad (2.65)$$

となり，減衰がない場合の固有円振動数 ω_n と比較して小さくなる。ω_d は**減衰固有円振動数**（damped natural circular frequency）と呼ばれる。減衰比 ζ の値は通常の金属では $10^{-3} \sim 10^{-4}$ であることが多く，建物のような構造物でも 10^{-2} であることが多い。そのため，ω_d と ω_n の値はほとんど同じである。

図 **2.13**（c）の波形から減衰比 ζ の値を求めることができる。一つのピーク $t=t_1$ における振幅を x_1 とし，つぎのピーク，すなわち 1 周期後の $t=t_2$ における振幅を x_2 とする。式（2.59）を用いて次式のように，x_1 と x_2 の比をとる。

$$\frac{x_1}{x_2} = \frac{De^{-\zeta\omega_n t_1}\cos\,(\sqrt{1-\zeta^2}\,\omega_n t_1 - \alpha)}{De^{-\zeta\omega_n t_2}\cos\,(\sqrt{1-\zeta^2}\,\omega_n t_2 - \alpha)} \qquad\qquad (2.66)$$

$\cos\,(\sqrt{1-\zeta^2}\,\omega_n t_1 - \alpha)$ と $\cos\,(\sqrt{1-\zeta^2}\,\omega_n t_2 - \alpha)$ は図 **2.13**（b）から同じ値となる。また，$t_2 - t_1$ は 1 周期である。減衰固有円振動数が式（2.65）で与えられるから

$$t_2 - t_1 = \frac{2\pi}{\sqrt{1-\zeta^2}\,\omega_n} \qquad\qquad (2.67)$$

これらの関係を用いると，式（2.66）はつぎのようになる。

$$\frac{x_1}{x_2} = e^{\zeta\omega_n(t_2-t_1)} = e^{\frac{2\pi\zeta}{\sqrt{1-\zeta^2}}} \qquad\qquad (2.68)$$

両辺の対数[†]をとると

$$\delta = \log\frac{x_1}{x_2} = \frac{2\pi\zeta}{\sqrt{1-\zeta^2}} \qquad\qquad (2.69)$$

δ を**対数減衰率**（logarithmic decrement）と呼ぶ。前述のように，通常の金属や構造物では，ζ の値は 1 と比較して十分に小さいことが多い。したがっ

[†] 本書では，$\log$ は $\log_e$ を表す。

て，このような場合には，$\sqrt{1-\zeta^2}$ は1として扱ってよい。よって，式 (2. 69) はつぎのような簡単な式になる。

$$\delta = 2\pi\zeta \tag{2.70}$$

この式から，減衰比ζは次式で求まる。

$$\zeta = \frac{\delta}{2\pi} \tag{2.71}$$

ζが小さい場合は x_1 と x_2 の差が小さいので，**図 2.14** に示すように x_1 と n 周期後の振幅 x_{n+1} を考える。

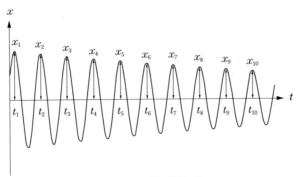

図 2.14 減衰波形

式 (2.67) と同様に次式が成り立つ。

$$t_2 - t_1 = t_3 - t_2 = t_4 - t_3 = \cdots = t_n - t_{n-1} = t_{n+1} - t_n$$

$$= \frac{2\pi}{\sqrt{1-\zeta^2}\,\omega_n} \tag{2.72}$$

したがって

$$\frac{x_1}{x_2} = \frac{x_2}{x_3} = \frac{x_3}{x_4} = \frac{x_4}{x_5} = \cdots = \frac{x_{n-1}}{x_n} = \frac{x_n}{x_{n+1}} = e^{\frac{2\pi\zeta}{\sqrt{1-\zeta^2}}} \tag{2.73}$$

となるから，振幅比の積は

$$\frac{x_1}{x_2}\cdot\frac{x_2}{x_3}\cdot\frac{x_3}{x_4}\cdot\frac{x_4}{x_5}\cdots\frac{x_{n-1}}{x_n}\cdot\frac{x_n}{x_{n+1}} = \frac{x_1}{x_{n+1}} = e^{\frac{2\pi n\zeta}{\sqrt{1-\zeta^2}}} \tag{2.74}$$

両辺の対数をとると

$$\log \frac{x_1}{x_{n+1}} = \frac{2\pi n \zeta}{\sqrt{1 - \zeta^2}} \qquad (2.75)$$

ζ が十分小さいときは

$$\log \frac{x_1}{x_{n+1}} = 2\pi n \zeta \qquad (2.76)$$

したがって

$$\zeta = \frac{\log \dfrac{x_1}{x_{n+1}}}{2\pi n} \qquad (2.77)$$

例題 *2.4* 減衰のある1自由度系で，$m = 100\,\text{kg}$，$k = 4 \times 10^6 \text{N/m}$ であるとする。自由振動をさせたときに10周期後のピークが10%減少した。減衰比および減衰固有円振動数を求めよ。

【解答】 減衰比は，式（*2.77*）で $n = 10$ とおけばよいので

$$\zeta = \frac{\log \dfrac{x_1}{x_{11}}}{20\pi} = \frac{\log \dfrac{1.0}{0.9}}{20\pi} = 0.001\,7^{\dagger}$$

減衰固有円振動数は，式（*2.65*）から

$$\omega_d = \sqrt{1 - 0.001\,7^2} \cdot \sqrt{\frac{4 \times 10^6}{100}} = 200\,\text{rad/s}$$

$\diamondsuit$

2.3 衝撃入力を受ける1自由度系

1自由度系が短い時間に作用する力を受ける場合の応答について述べる。つぎに，この考え方を応用して任意の力を受けた場合の応答を求める方法を示す。

2.3.1 単位インパルス応答関数

衝撃的な力は**力積**（impulse）を用いて表される。力積 I は力 $f(t)$ を時間に関して積分したものである。これを式で表すと

---

† 電卓を使って対数の計算をするときには，$\boxed{\text{ln}}$ のキーを使うこと。$\boxed{\text{log}}$ のキーを使うと $\log_{10}$ の計算をすることになる。

$$I = \int_0^t f(t)\,dt \tag{2.78}$$

となる。

　力積は，質量と速度の積である**運動量**（momentum）の変化に等しい。微小時間 Δt に一定の衝撃的な力 F が作用すると，力積は

$$I_1 = F\Delta t \tag{2.79}$$

　図 **2.15** に示すように，このような力を受ける1自由度系を考える。静止した状態で力積が I_1 である衝撃力を受けると，微小時間のあいだに

$$mv_0 = I_1 \tag{2.80}$$

の関係が成立し，質点は

$$v_0 = \frac{I_1}{m} \tag{2.81}$$

で運動を始める。これは，$t = 0$ で $x = 0$，$\dot{x} = v_0$ の初期条件で振動する1自由度系の自由振動である。したがって，式（2.14）から応答は

$$x = \frac{I_1}{m\omega_n} \sin \omega_n t \tag{2.82}$$

となる。

　つぎに，$I_1 = 1$ で Δt が0に近づく $\Delta t \to 0$ の状態を考える。このときに F は大きくなり，図 **2.16** に示すようになる。このような関数を**単位インパル**

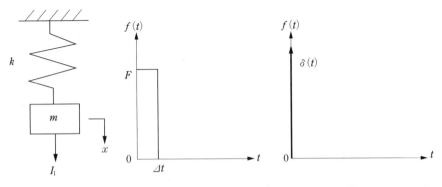

図 **2.15** 衝撃入力を受ける1自由度系　　　図 **2.16** 単位インパルス関数

ス関数（unit impulse function）と呼び，$\delta(t)$ と書く。単位インパルス関数で表される入力を受ける場合の応答は，式（2.82）で $I_1 = 1$ を代入すると

$$h(t) = \frac{1}{m\omega_n} \sin \omega_n t \qquad (2.83)$$

ここで，$h(t)$ を**単位インパルス応答関数**（unit impulse response function）と呼ぶ。

例題 2.5　減衰がある場合の単位インパルス応答関数を求めよ。

【解答】　式（2.59），(2.61)，(2.62)に，$t = 0$ で $x = 0, \dot{x} = I_1/m$ の初期条件を代入すると

$$x = \frac{I_1}{m\sqrt{1 - \zeta^2}\ \omega_n} e^{-\zeta\omega_n t} \cos\left(\sqrt{1 - \zeta^2}\ \omega_n t - \frac{\pi}{2}\right)$$

$$= \frac{I_1}{m\sqrt{1 - \zeta^2}\ \omega_n} e^{-\zeta\omega_n t} \sin\sqrt{1 - \zeta^2}\ \omega_n t$$

$I_1 = 1$ を代入すると

$$h(t) = \frac{1}{m\sqrt{1 - \zeta^2}\ \omega_n} e^{-\zeta\omega_n t} \sin\sqrt{1 - \zeta^2}\ \omega_n t \qquad \diamondsuit$$

2.3.2　任意の入力を受ける系の応答

図 2.17 に示すような任意の入力 $f(t)$ を受ける系の応答を求める。短い区間 $\Delta\tau$ においては，$f(t)$ は一定で $f(\tau)$ である。したがって，この区間 $\Delta\tau$ での力積は $f(\tau)\Delta\tau$ である。系は $t = \tau$ まで静止し，$t = \tau$ のときに $f(\tau)\Delta\tau$ で表される衝撃力を受けるとする。このときの単位インパルス応答関数は，$h(t - \tau)$ となる。

この衝撃力による応答は

$$h(t - \tau)f(\tau)\Delta\tau \qquad (2.84)$$

で表される。系の応答は，図 2.17 に示すように $\Delta\tau$ の区間に受ける衝撃的な入力に対する応答の和である。したがって，応答は

$$x = \sum h(t - \tau)f(\tau)\Delta\tau \qquad (2.85)$$

$\Delta\tau \rightarrow 0$ のときには式（2.85）は積分で表され，つぎのようになる。

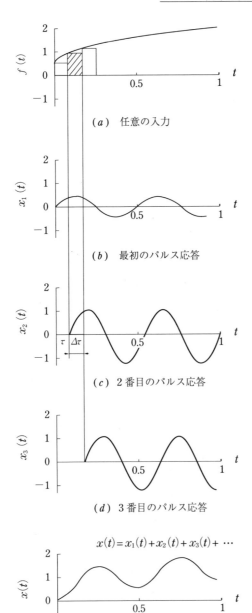

(*a*) 任意の入力

(*b*) 最初のパルス応答

(*c*) 2番目のパルス応答

(*d*) 3番目のパルス応答

$$x(t) = x_1(t) + x_2(t) + x_3(t) + \cdots$$

(*e*) 畳込み積分

図 *2.17* 任意の入力を受ける系の応答

$$x = \int_0^t h(t - \tau) f(\tau) \, d\tau \qquad (2.86)$$

式 (2.86) のような積分を**畳込み積分** (convolution integral) という。

例題 2.6　図 2.18 に示すような $t \geqq 0$ で $f(t) = F$ である力（ステップ入力）を受ける減衰のない1自由度系の応答を求めよ。

図 2.18

【**解答**】　単位インパルス応答関数は，式 (2.83) から

$$h(t) = \frac{1}{m\omega_n} \sin \omega_n t$$

したがって

$$h(t - \tau) = \frac{1}{m\omega_n} \sin \omega_n(t - \tau)$$

$f(t) = F$ で t にかかわらず一定であるから，$f(\tau) = F$ である。これらを式 (2.86) に代入すると

$$x = \int_0^t \frac{1}{m\omega_n} \sin \omega_n(t - \tau) \cdot F \, d\tau$$

$$= \frac{F}{m\omega_n} \int_0^t \sin \omega_n(t - \tau) \, d\tau$$

$$= \frac{F}{m\omega_n} \cdot \frac{1}{\omega_n} [\cos \omega_n(t - \tau)]_0^t$$

$$= \frac{F}{m\omega_n^2} [\cos \omega_n(t - \tau)]_0^t$$

$$= \frac{F}{m\omega_n^2} (\cos 0 - \cos \omega_n t) = \frac{F}{m\omega_n^2} (1 - \cos \omega_n t)$$

$\omega_n^2 = k/m$ であるので

$$x = \frac{F}{k} (1 - \cos \omega_n t)$$

この応答を図示すると，**図 2.19** のようになる。振幅が F/k である正弦波に F が静的に作用したときのばねの変形量 F/k を加えた応答となる。

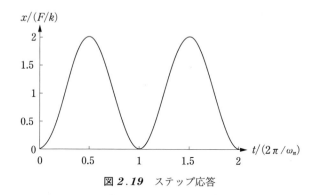

図 2.19 ステップ応答

◇

┌─ **コーヒーブレイク** ─┐

固有振動数と減衰比

　自由振動とは，文字どおり自由に振動している（初期条件だけ与えられ，その後は力を受けない）物体の運動である。このとき，物体は固有振動数で振動する。**2.3** 節で学んだ「衝撃入力を受ける 1 自由度系」の振動も固有振動数で振動するので本章に入れた。ただし，外から力（衝撃力）を受けて振動するために，**3** 章で学ぶ強制振動で扱っている本もあり，別に，衝撃入力に対する応答の章を設けている本もある。

　2.2 節で自由振動を利用して減衰比を測定する方法について述べた。この方法は簡単であるが，実際に測定してみると，なかなか同じ値が求まらないことも多い。これは，試験体にある程度の変位を与えて離すときのタイミングや衝撃入力の与え方が一定しないことなどが原因である。繰り返し測定しても同じ減衰比の値が得られるようになれば，振動測定が本職になったといってもいいかもしれない。

例題 2.7 図 2.20 に示すような $t \geqq t_0$ で $f(t) = F$ である力を受ける減衰のない 1 自由度系の応答を求めよ。

図 2.20

【解答】 この場合には，積分範囲は $t_0 \sim t$ までとなる。

$$x = \int_{t_0}^{t} \frac{1}{m\omega_n} \sin \omega_n(t - \tau) \cdot F \, d\tau$$

$$= \frac{F}{m\omega_n{}^2} [\cos \omega_n(t - \tau)]_{t_0}^{t}$$

$$= \frac{F}{m\omega_n{}^2} \{1 - \cos \omega_n(t - t_0)\}$$

$$= \frac{F}{k} \{1 - \cos \omega_n(t - t_0)\}$$

したがって

$$x = \begin{cases} 0 & (0 \leqq t \leqq t_0) \\ \dfrac{F}{k} \{1 - \cos \omega_n(t - t_0)\} & (t \geqq t_0) \end{cases}$$

◇

演 習 問 題

【1】 ばねにおもりをつるしたときに，ばねが 2 mm 伸びた。固有振動数を求めよ。

【2】 ばね定数が 100 kN/m のばねに，100 kg のおもりをつるした場合の固有振動数を求めよ。

【3】☆ 【2】で $t = 0$ のときに $x = 0.2$ m，$\dot{x} = 5$ m/s の条件で自由振動する。自由振動が式 (2.18) で表されるときの振幅と位相角を求めよ。

【4】 長さが 100 mm の単振り子の固有振動数を求めよ。

【5】　固有周期 T_n が $1.0\,\text{s}$ であるような単振り子の長さを求めよ。

【6】　問図 *2.1* に示すように長さ l で，質量 m の一様な細い棒の先端に，この棒に直角方向に長さ h で，質量 M の一様な細い棒を，棒の中心で取り付けた振り子の固有円振動数を求めよ。

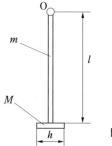

問図 *2.1*

【7】　質量 $50\,\text{kg}$，ばね定数 $500\,\text{kN/m}$，減衰係数 $100\,\text{Ns/m}$ のときの減衰比，固有振動数および減衰固有振動数を求めよ。

【8】☆【7】で $t = 0$ のときに $x = 0.1\,\text{m}$，$\dot{x} = 6\,\text{m/s}$ の条件で自由振動する。自由振動が式（*2.59*）で表されるときの D と α を求めよ。

【9】☆　減衰のある 1 自由度系を自由振動させたところつぎのようになった。減衰比を求めよ。
　（1）　20 周期で振幅が半分になった。
　（2）　10 周期で振幅が 60% 減少した。
　（3）　15 周期で振幅が最初の振幅の 30% になった。

【10】　減衰のない 1 自由度系に $f(t) = at$ で表される入力を受ける場合の応答を求めよ。

【11】　つぎの力 $f(t)$ を受ける減衰のない 1 自由度系の振動を求めよ。
$$\begin{cases} f(t) = 0 & (0 \leqq t \leqq t_1) \\ f(t) = F & (t_1 \leqq t \leqq t_2) \\ f(t) = 0 & (t \geqq t_2) \end{cases}$$

3

1自由度系の強制振動

　物体がなんらかの力を受けて振動する場合を**強制振動**（forced vibration）という。正弦波で表される入力を受ける1自由度系の応答の求め方について述べる。

3.1　力入力を受ける1自由度系

　図 3.1 に示すような力を受ける1自由度系の振動を求める。慣性力は $m\ddot{x}$ である。また，質点に作用する力は，質点を**図 3.1**（b）に示すように，いま考えている方向（**図 3.1**（a）の x の方向，下向き）に x だけ引っ張った状態を考える。ここで，ばねから質点に作用する力は $-kx$ である。また，運動を妨げる方向に減衰力 $-c\dot{x}$ が働く。さらに，力 $f(t) = F \sin \omega t$ が作用している。ここで，ω は入力の円振動数である。したがって，質点に作用する力

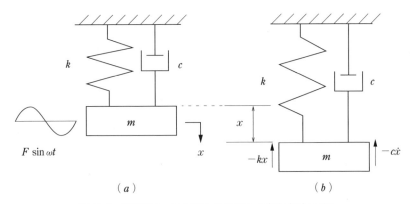

（a）　　　　　　　　　　　　　（b）

図 3.1　強制外力（力加振）を受ける1自由度系モデル

は，$-c\dot{x} - kx + F\sin\omega t$ である。

　慣性力 ＝ 質点に作用する力であるから，運動方程式は

$$m\ddot{x} = -c\dot{x} - kx + F\sin\omega t \tag{3.1}$$

右辺の第1項と第2項を左辺に移項すると

$$m\ddot{x} + c\dot{x} + kx = F\sin\omega t \tag{3.2}$$

式 (3.2) の両辺を m で割ると

$$\ddot{x} + 2\zeta\omega_n\dot{x} + \omega_n{}^2x = \frac{F}{m}\sin\omega t \tag{3.3}$$

式 (3.3) の解は

$$\ddot{x} + 2\zeta\omega_n\dot{x} + \omega_n{}^2x = 0 \tag{3.4}$$

の解 x_t と

$$\ddot{x} + 2\zeta\omega_n\dot{x} + \omega_n{}^2x = \frac{F}{m}\sin\omega t \tag{3.5}$$

を満足する一つの解 x_s の和，すなわち

$$x = x_t + x_s \tag{3.6}$$

となる。x_t は減衰がない場合は **2.1** 節，減衰がある場合には **2.2** 節で述べたようになる。通常は減衰が存在するから，x_t は時間が経過すると 0 になり，x_s だけが残る。x_t を**過渡振動**（transient vibration），x_s を**定常振動**（steady-state vibration）と呼ぶ。ここでは，定常振動 x_s の求め方について述べる。

　x_s はつぎのようになることが知られている。

$$x_s = A\cos\omega t + B\sin\omega t \tag{3.7}$$

　ここで，A および B は定数であり，以下のように求められる。速度および加速度はそれぞれ

$$\dot{x}_s = -\omega A\sin\omega t + \omega B\cos\omega t \tag{3.8}$$

$$\ddot{x}_s = -\omega^2 A\cos\omega t - \omega^2 B\sin\omega t \tag{3.9}$$

　式 (3.6) のように，x は x_t と x_s の和になる。x_t も x_s も運動方程式を満足しなければならない。したがって，式 $(3.7)\sim(3.9)$ を式 (3.5) に代入すると

$$-\omega^2 A \cos \omega t - \omega^2 B \sin \omega t - 2\zeta\omega_n\omega A \sin \omega t + 2\zeta\omega_n\omega B \cos \omega t$$

$$+\omega_n{}^2 A \cos \omega t + \omega_n{}^2 B \sin \omega t = \frac{F}{m} \sin \omega t \tag{3.10}$$

左辺を $\cos \omega t$ および $\sin \omega t$ についてまとめると

$$\{(\omega_n{}^2 - \omega^2)A + 2\zeta\omega_n\omega B\} \cos \omega t + \{(\omega_n{}^2 - \omega^2)B - 2\zeta\omega_n\omega A\} \sin \omega t$$

$$= \frac{F}{m} \sin \omega t \tag{3.11}$$

$\cos \omega t$ および $\sin \omega t$ は時間の関数であり，式 (3.11) はどの時間に対しても成立しなければならないので，左辺と右辺の $\cos \omega t$ および $\sin \omega t$ の係数が等しくなければならない。式 (3.11) の右辺には $\cos \omega t$ の項がないので，右辺の $\cos \omega t$ の係数は 0 となる。したがって，A と B に関するつぎのような連立方程式が得られる。

$$\left. \begin{array}{l} (\omega_n{}^2 - \omega^2)A + 2\zeta\omega_n\omega B = 0 \\[2mm] -2\zeta\omega_n\omega A + (\omega_n{}^2 - \omega^2)B = \dfrac{F}{m} \end{array} \right\} \tag{3.12}$$

式 (3.12) から A および B を求めると

$$\left. \begin{array}{l} A = \dfrac{-2\zeta\omega_n\omega \dfrac{F}{m}}{(\omega_n{}^2 - \omega^2)^2 + (2\zeta\omega_n\omega)^2} \\[6mm] B = \dfrac{(\omega_n{}^2 - \omega^2)\dfrac{F}{m}}{(\omega_n{}^2 - \omega^2)^2 + (2\zeta\omega_n\omega)^2} \end{array} \right\} \tag{3.13}$$

式 (3.7) で $X_s = \sqrt{A^2 + B^2}$, $A/X_s = \sin\phi$, $B/X_s = \cos\phi$ とすると，式 (3.7) は

$$x_s = X_s \sin (\omega t + \phi) \tag{3.14}$$

X_s および ϕ はそれぞれ

$$X_s = \frac{F/m}{\sqrt{(\omega_n{}^2 - \omega^2)^2 + (2\zeta\omega_n\omega)^2}} \tag{3.15}$$

$$\phi = -\tan^{-1}\left(\frac{2\zeta\omega_n\omega}{\omega_n{}^2 - \omega^2}\right) \tag{3.16}$$

図 3.1 のばねに入力の振幅と同じ大きさの力 F をゆっくりと加えると，ばねは $X_{st} = F/k$ だけ伸びる。式 (3.15) の両辺を X_{st} で割ると

$$\frac{X_s}{X_{st}} = \frac{\omega_n{}^2}{\sqrt{(\omega_n{}^2 - \omega^2)^2 + (2\zeta\omega_n\omega)^2}} = \frac{1}{\sqrt{\left\{1 - \left(\frac{\omega}{\omega_n}\right)^2\right\}^2 + \left(2\zeta\frac{\omega}{\omega_n}\right)^2}}$$

$$(3.17)$$

また，ϕ はつぎのように書くことができる。

$$\phi = -\tan^{-1}\left\{\frac{2\zeta(\omega/\omega_n)}{1 - (\omega/\omega_n)^2}\right\} \qquad (3.18)$$

X_s/X_{st} を振幅倍率と呼ぶ。式 (*3.17*) および式 (*3.18*) から，減衰比 ζ および入力の円振動数と固有円振動数の比 ω/ω_n の二つの無次元量で定常応答の振幅倍率 X_s/X_{st} および位相角 ϕ を表すことができる。位相角を表す式 (*3.16*) の"－"の符号は，入力に対して位相が遅れることを示している。

図 *3.2* (*a*) および図 (*b*) にいくつかの減衰比 ζ に対するそれぞれの X_s/X_{st} および ϕ を示す。横軸はそれぞれ ω/ω_n を表す。図 (*a*) は振動数比 ω/ω_n に対する振幅の大きさを表し，共振曲線と呼ばれる。図 (*b*) は振動数比 ω/ω_n に対する位相角を表し，位相曲線と呼ばれる。

図 *3.2* (*a*) で，$\omega/\omega_n = 1$ の近くで振幅が大きくなっている。このことは，入力の円振動数 ω が固有円振動数 ω_n に近づくと振幅が大きくなることを意味している。この現象を共振と呼び，共振曲線がピークをもつ点を共振点という。減衰比 ζ については，ζ が大きくなるにつれて振幅が小さくなる。また，ζ が大きくなるにつれて共振点が $\omega/\omega_n = 1$ より低くなる。これは，***2.2.2*** 項の減衰振動で述べたように，減衰固有円振動数 ω_d が $\omega_d = \sqrt{1 - \zeta^2}\,\omega_n$ で表され，$\omega/\omega_n = \omega_d/\omega_n$ となる点が共振点となるためである。一般には ζ は小さいので，$\omega/\omega_n = 1$ となる点で共振曲線がピークとなると考えてよい。

位相曲線は，入力の波形からの位相の遅れを表している。ω/ω_n が 1 より十分に小さい場合は $0°$ であり，入力と応答が同位相となる。ω/ω_n が 1 の場合は入力に対して応答の位相は $90°$ 遅れる。ω/ω_n が十分に大きい場合は $180°$ 遅れるので，入力と応答は逆位相となる。

以上のことを波形で理解するために，ω/ω_n が 1 より十分に小さい場合を A

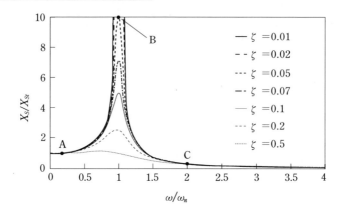

（*a*）　共振曲線（力入力）

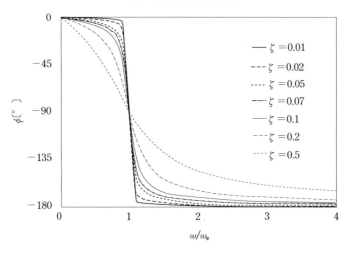

（*b*）　位 相 曲 線

図 3.2　1自由度系の共振曲線および位相曲線

点，ω/ω_n が1の場合をB点，ω/ω_n が十分に大きい場合をC点とした，入力と定常応答の波形を**図 3.3** に示す。ただし，図（*a*）の入力波形 $f(t)/F$ は，出力の定常応答の波形 $x_s(t)/X_{st}$ と同位相になるため，同一の曲線となる。

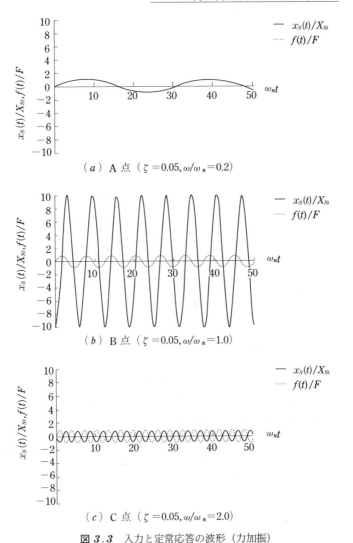

(a) A 点 $(\zeta = 0.05, \omega/\omega_n = 0.2)$

(b) B 点 $(\zeta = 0.05, \omega/\omega_n = 1.0)$

(c) C 点 $(\zeta = 0.05, \omega/\omega_n = 2.0)$

図 3.3 入力と定常応答の波形（力加振）

例題 3.1 $m = 10\,\mathrm{kg}$, $k = 40\,000\,\mathrm{N/m}$, $c = 15\,\mathrm{Ns/m}$ である 1 自由度系において，振幅が $100\,\mathrm{N}$，振動数が $10\,\mathrm{Hz}$ の入力を受ける場合の定常応答の振幅，振幅倍率および位相角を求めよ。

【解答】

$$\omega_n = \sqrt{\frac{40\,000}{10}} = 63.2\,\text{rad/s}, \quad \zeta = \frac{15}{2\sqrt{10 \times 40\,000}} = 0.012$$

$$\omega = 2\pi \times 10 = 62.8\,\text{rad/s}, \quad \frac{\omega}{\omega_n} = \frac{62.8}{63.2} = 0.994$$

振幅は式（3.15）から

$$X_s = \frac{100/10}{\sqrt{(63.2^2 - 62.8^2)^2 + (2 \times 0.012 \times 63.2 \times 62.8)^2}} = 0.093\,\text{m}$$

振幅倍率は式（3.17）から

$$\frac{X_s}{X_{st}} = \frac{1}{\sqrt{(1 - 0.994^2)^2 + (2 \times 0.012 \times 0.994)^2}} = 37.5$$

位相角は式（3.18）から

$$\phi = -\tan^{-1}\left(\frac{2 \times 0.012 \times 0.994}{1 - 0.994^2}\right) = -1.11\,\text{rad}\,(-63.4°) \qquad\qquad \diamond$$

3.2　半 パ ワ ー 法

　共振曲線を利用して減衰比 ζ を求めることができる。ここで，ζ が小さい場合を考える。図 3.4 に示すように，共振曲線のピークの振幅倍率を $\alpha_{\max}$ とし，振幅倍率が $\alpha_{\max}/\sqrt{2}$ となる振動数比をそれぞれ ω_1/ω_n および ω_2/ω_n とする。つぎの式で表される Q 値を求める。

$$Q = \frac{\omega_n}{\omega_2 - \omega_1} \tag{3.19}$$

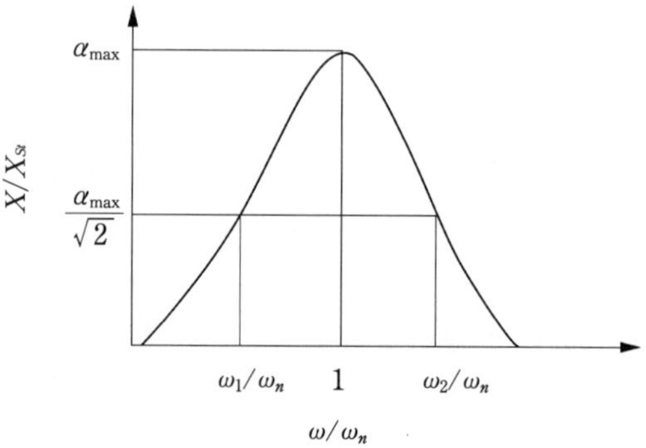

図 3.4　半パワー法による減衰比の計算

また，ζが小さいときにつぎの関係が成り立つ。

$$Q = \frac{1}{2\zeta} \qquad (3.20)$$

したがって

$$\zeta = \frac{1}{2\left(\dfrac{\omega_n}{\omega_2 - \omega_1}\right)} = \frac{\omega_2 - \omega_1}{2\omega_n} = \frac{\dfrac{\omega_2}{\omega_n} - \dfrac{\omega_1}{\omega_n}}{2} \qquad (3.21)$$

例題 3.2　共振曲線が図 3.5 のように与えられる場合の減衰比を求めよ。

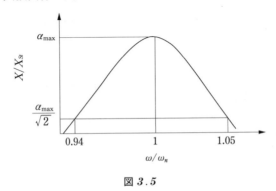

図 3.5

【解答】　図 3.5 より，$\omega_2/\omega_n = 1.05$，$\omega_1/\omega_n = 0.94$ であるから，式(3.21)から

$$\zeta = \frac{1.05 - 0.94}{2} = 0.055 \qquad \diamondsuit$$

3.3　変位入力を受ける1自由度系

図 3.6 (a) に示すような基礎部に変位入力を受ける1自由度系の振動を求める。慣性力は $m\ddot{x}$ である。質点に作用する力は基礎部を固定して質点を図 (b) に示すように，いま考えている方向（図 3.6 (a) の x の方向，下向き）に x だけ引っ張った状態を考える。ばねから質点に作用する力は $-kx$ である。一方，図 (c) に示すように基礎部が y だけ動くから，ばねの伸びは $x - y$ となる。また，運動を妨げる方向に作用する減衰力は同じように考えて $-c$

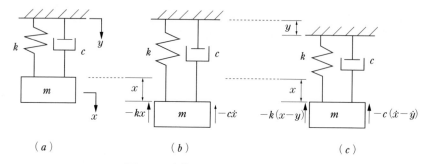

図3.6 変位入力を受ける1自由度系

$(\dot{x} - \dot{y})$ となる。基礎部の入力が $y = Y \sin \omega t$ で表されるものとする。ω は入力の円振動数である。したがって，質点に作用する力は，$-c(\dot{x} - \dot{y}) - k(x - y)$ である。

慣性力 = 質点に作用する力であるから，運動方程式は

$$m\ddot{x} = -c(\dot{x} - \dot{y}) - k(x - y) \qquad (3.22)$$

右辺を左辺に移項すると

$$m\ddot{x} + c(\dot{x} - \dot{y}) + k(x - y) = 0 \qquad (3.23)$$

式 (3.23) の両辺を m で割ると

$$\ddot{x} + 2\zeta\omega_n(\dot{x} - \dot{y}) + \omega_n^2(x - y) = 0 \qquad (3.24)$$

さらに，y に関する項を右辺に移項すると

$$\ddot{x} + 2\zeta\omega_n\dot{x} + \omega_n^2 x = 2\zeta\omega_n\dot{y} + \omega_n^2 y \qquad (3.25)$$

$y = Y \sin \omega t$ であるから，$\dot{y} = \omega Y \cos \omega t$ である。これらを式 (3.25) に代入すると

$$\ddot{x} + 2\zeta\omega_n\dot{x} + \omega_n^2 x = 2\zeta\omega_n\omega Y \cos \omega t + \omega_n^2 Y \sin \omega t \qquad (3.26)$$

式 (3.26) の解は力加振の場合と同様に

$$\ddot{x} + 2\zeta\omega_n\dot{x} + \omega_n^2 x = 0 \qquad (3.27)$$

の解 x_t と

$$\ddot{x} + 2\zeta\omega_n\dot{x} + \omega_n^2 x = 2\zeta\omega_n\omega Y \cos \omega t + \omega_n^2 Y \sin \omega t \qquad (3.28)$$

を満足する一つの解 x_s の和，すなわち

$$x = x_t + x_s \qquad (3.29)$$

x_t は減衰がある場合には **2.2** 節で述べたようになり，時間が経過すると 0 になる。したがって，時間が経過すると x_s だけが残る。定常振動 x_s はつぎのようになることが知られている。

$$x_s = A \cos \omega t + B \sin \omega t \tag{3.30}$$

A および B は定数であり，以下のように求められる。

速度および加速度はそれぞれ

$$\dot{x}_s = - \omega A \sin \omega t + \omega B \cos \omega t \tag{3.31}$$

$$\ddot{x}_s = - \omega^2 A \cos \omega t - \omega^2 B \sin \omega t \tag{3.32}$$

式 $(3.30) \sim (3.32)$ を式 (3.25) に代入すると

$$- \omega^2 A \cos \omega t - \omega^2 B \sin \omega t - 2\zeta\omega_n\omega A \sin \omega t + 2\zeta\omega_n\omega B \cos \omega t$$
$$+ \omega_n{}^2 A \cos \omega t + \omega_n{}^2 B \sin \omega t = 2\zeta\omega_n\omega Y \cos \omega t + \omega_n{}^2 Y \sin \omega t$$
$$\tag{3.33}$$

左辺を $\cos \omega t$ および $\sin \omega t$ についてまとめると

$$\{(\omega_n{}^2 - \omega^2)A + 2\zeta\omega_n\omega B\} \cos \omega t + \{(\omega_n{}^2 - \omega^2)B - 2\zeta\omega_n\omega A\} \sin \omega t$$
$$= 2\zeta\omega_n\omega Y \cos \omega t + \omega_n{}^2 Y \sin \omega t \tag{3.34}$$

$\cos \omega t$ および $\sin \omega t$ は時間の関数であり，式 (3.34) はどの時間に対しても成立しなければならないので，左辺と右辺の $\cos \omega t$ および $\sin \omega t$ の係数が等しくなければならない。したがって，A と B に関するつぎのような連立方程式が得られる。

$$\left.\begin{array}{l} (\omega_n{}^2 - \omega^2)A + 2\zeta\omega_n\omega B = 2\zeta\omega_n\omega Y \\ - 2\zeta\omega_n\omega A + (\omega_n{}^2 - \omega^2)B = \omega_n{}^2 Y \end{array}\right\} \tag{3.35}$$

式 (3.35) から A および B を求めると

$$\left.\begin{array}{l} A = \dfrac{- 2\zeta\omega_n\omega^3}{(\omega_n{}^2 - \omega^2)^2 + (2\zeta\omega_n\omega)^2} Y \\[4mm] B = \dfrac{(\omega_n{}^2 - \omega^2)\omega_n{}^2 + (2\zeta\omega_n\omega)^2}{(\omega_n{}^2 - \omega^2)^2 + (2\zeta\omega_n\omega)^2} Y \end{array}\right\} \tag{3.36}$$

式 (3.30) で $X_s = \sqrt{A^2 + B^2}$, $A/X_s = \sin \phi$, $B/X_s = \cos \phi$ とすると，式 (3.30) は

$$x_s = X_s \sin (\omega t + \phi) \tag{3.37}$$

X_s および ϕ はそれぞれ

$$X_s = \frac{\sqrt{(2\zeta\omega_n\omega^3)^2 + \{(\omega_n^2 - \omega^2)\omega_n^2 + (2\zeta\omega_n\omega)^2\}^2}}{(\omega_n^2 - \omega^2)^2 + (2\zeta\omega_n\omega)^2}\,Y \tag{3.38}$$

$$\phi = -\tan^{-1}\left\{\frac{2\zeta\omega_n\omega^3}{(\omega_n^2 - \omega^2)\omega_n^2 + (2\zeta\omega_n\omega)^2}\right\} \tag{3.39}$$

式（3.38）の根号（ルート）内は

$$\{\omega_n^4 + (2\zeta\omega_n\omega)^2\}\{(\omega_n^2 - \omega^2)^2 + (2\zeta\omega_n\omega)^2\}$$

となるから，式（3.38）および式（3.39）はつぎのよう書くことができる。

$$\begin{aligned}\frac{X_s}{Y} &= \sqrt{\frac{\omega_n^4 + (2\zeta\omega_n\omega)^2}{(\omega_n^2 - \omega^2)^2 + (2\zeta\omega_n\omega)^2}} \\ &= \sqrt{\frac{1 + (2\zeta\omega/\omega_n)^2}{\{1 - (\omega/\omega_n)^2\}^2 + (2\zeta\omega/\omega_n)^2}}\end{aligned} \tag{3.40}$$

また，ϕ はつぎのように書くことができる。

$$\phi = -\tan^{-1}\left\{\frac{2\zeta(\omega/\omega_n)^3}{1 - (\omega/\omega_n)^2 + (2\zeta\omega/\omega_n)^2}\right\} \tag{3.41}$$

図3.7（a）および（b）にいくつかの減衰比 ζ に対するそれぞれの定常応答と入力の振幅比 X_s/Y および位相角 ϕ を示す。横軸は入力の円振動数と固有円振動数の比 ω/ω_n を表す。図（a）は共振曲線であり，図（b）は位相曲線である。

$\omega/\omega_n = 1$ の近傍では図3.2（a）の力加振の共振曲線の場合と同様に，振幅比が大きくなり，減衰比 ζ が大きくなるにつれて振幅比が小さくなる。また，ζ が大きくなるにつれて共振点が $\omega/\omega_n = 1$ より低くなる。一方，$\omega/\omega_n = \sqrt{2}$ で振幅比は必ず1になる。$\omega/\omega_n > \sqrt{2}$ では ζ が大きくなるにつれて振幅比は大きくなる。

位相曲線は，入力波形に対する定常応答波形の遅れを表す。ω/ω_n が1より十分に小さい場合に位相角は0°であり，入力と応答は同位相であることは力加振の場合と同じである。この領域以外では力加振の場合と異なる。ω/ω_n が1の場合は ζ の値によって異なり，ω/ω_n が十分に大きい場合は－90°に近づ

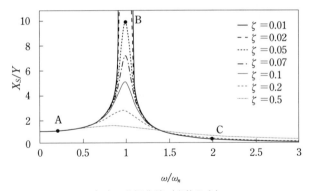

（*a*） 共振曲線（変位入力）

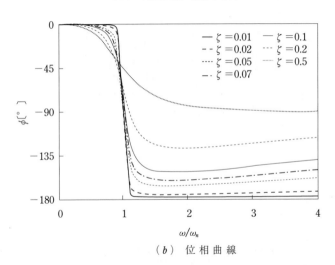

（*b*） 位 相 曲 線

図 3.7 変位入力を受ける1自由度系の共振曲線および位相曲線

く。

　以上のことを波形で理解するために，ω/ω_n が1より十分に小さい場合を A
点，ω/ω_n が1の場合を B 点，ω/ω_n が十分に大きい場合を C 点とした，入力
と応答の波形を**図 3.8** に示す。

　ζ が小さい場合には，**図 3.7**（*a*）の共振曲線から **3.2** 節で述べた半パワ
ー法を用いて ζ を求めることができる。

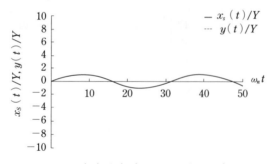

（ *a* ）A 点（$\xi = 0.05, \omega/\omega_n = 0.2$）

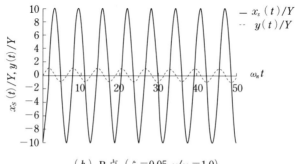

（ *b* ）B 点（$\xi = 0.05, \omega/\omega_n = 1.0$）

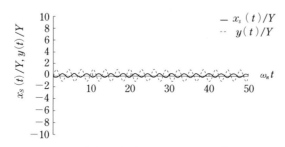

（ *c* ）C 点（$\xi = 0.05, \omega/\omega_n = 2.0$）

図 3.8　定常応答と入力（変位入力）

　例題 3.3　$m = 10\,\text{kg}$，$k = 40\,000\,\text{N/m}$，$c = 15\,\text{Ns/m}$ である 1 自由度系において，振幅が $0.01\,\text{m}$，振動数が $10\,\text{Hz}$ の入力を受ける場合の定常応答の振幅比，振幅および位相角を求めよ。

【解答】

$$\omega_n = \sqrt{\frac{40\,000}{10}} = 63.2\,\mathrm{rad/s}, \quad \zeta = \frac{15}{2\sqrt{10 \times 40\,000}} = 0.012$$

$$\omega = 2\pi \times 10 = 62.8\,\mathrm{rad/s}, \quad \frac{\omega}{\omega_n} = \frac{62.8}{63.2} = 0.994$$

振幅比は式（*3.40*）から

$$\frac{X_s}{Y} = \sqrt{\frac{1 + (2 \times 0.012 \times 0.994)^2}{\{1 - 0.994^2\}^2 + (2 \times 0.012 \times 0.994)^2}} = 37.5$$

定常応答振幅は，式（*3.40*）から振幅比に入力の振幅 Y を乗じることによって求められるから

$$X_s = 37.5 \times Y = 37.5 \times 0.01 = 0.375\,\mathrm{m}$$

位相角は式（*3.41*）から

$$\phi = -\tan^{-1}\left\{\frac{2 \times 0.012 \times 0.994^3}{1 - 0.994^2 + (2 \times 0.012 \times 0.994)^2}\right\}$$

$$= -1.08\,\mathrm{rad}\,(-62°) \qquad\qquad\qquad ◇$$

演 習 問 題

【1】 質量 50 kg，ばね定数 500 kN/m，減衰係数 100 Ns/m である1自由度系が，振幅 500 N で振動数が 20 Hz の入力を受けるときの定常応答振幅および位相角を求めよ。

【2】 質量 50 kg，ばね定数 500 kN/m，減衰係数 100 Ns/m である1自由度系が，振幅 1 mm で振動数が 20 Hz の入力を受けるときの定常応答振幅および位相角を求めよ。

┌── コーヒーブレイク ──┐

強制振動と固有振動数・減衰比

　物体の振動を考えるうえで最も基本的な1自由度系の強制振動について学んだ。かなり複雑な構造をもつ物体の振動を知りたい場合でも，1自由度系で間に合うことも多い。力入力は，エンジンが稼動しているときの自動車や船の振動，モータが回転しているときの機械の振動などを想像して欲しい。また，変位入力は，地震入力を受ける建物の振動や，波に揺れる船の振動などを想像して欲しい。*2*章では，固有振動数は自由に振動させたときの振動数であり，減衰比は自由振動の減少する割合を示すものであった。強制振動では，固有振動数で揺らすと大きく振動し，減衰比は，特に固有振動数に近い振動数で揺らした場合の揺れを小さくする度合いを示している。

【3】　共振曲線が**問図 3.1**（a）および（b）のようになる場合の Q 値および減衰
　　　　比を求めよ。

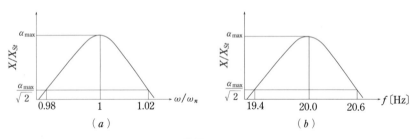

問図 **3.1**

【4】　質量 50 kg，ばね定数 500 kN/m である 1 自由度系が，振動数が 15 Hz の入力
　　　　を受けるときの振幅倍率を 2 以下にしたい場合，減衰比および減衰係数をいく
　　　　らにすればよいか。

【5】☆　固有円振動数 $\omega_n = 10$ rad/s である減衰のない 1 自由度系が $t = 0$ で $x = 0.2$
　　　　m，$\dot{x} = 4$ m/s の状態から $y = \sin 5t$ 〔m〕で表される変位入力を受ける。
　　　　このときの応答を求めよ。

【6】☆　減衰のある 1 自由度系が与えられた初期条件で力入力を受ける場合に，応答は
　　　　式（3.29）から，次式で与えられる。

$$x = e^{-\zeta\omega_n t}\left\{c_1 \cos \sqrt{1 - \zeta^2}\,\omega_n t + c_2 \sin \sqrt{1 - \zeta^2}\,\omega_n t\right\} + A \cos \omega t + B \sin \omega t$$

　　　　$t = 0$ で $x = 0$，$\dot{x} = 0$ のときに，c_1 および c_2 を求めよ。

【7】☆　振幅倍率が最大となる入力の円振動数と固有円振動数の比 ω/ω_n を求めよ。さ
　　　　らに，そのときの振幅倍率を求めよ。

【8】☆　【7】の結果を用いて，振幅倍率がピークの $1/\sqrt{2}$ となるときの入力の円振動
　　　　数と固有円振動数の比 ω/ω_n を求めよ。また，ζ は小さいとして半パワー法の
　　　　式（3.21）を導け。

【9】☆　変位入力を受ける 1 自由度系の定常振動の振幅比が減衰比 ζ の値にかかわら
　　　　ず $\omega/\omega_n = \sqrt{2}$ で 1 となることを証明せよ。

【10】☆　変位入力を受ける 1 自由度系の定常振動の位相角が $-90°$ になる入力の円振動
　　　　数と固有円振動数の比 ω/ω_n を求めよ。

4

---

2 自由度系の振動

2 章および 3 章に示した 1 自由度系の振動は，物体の重心などの 1 点の振動の様子を知るうえで重要であるが，それ以外の点での振動を知りたい場合には多自由度系または連続体で考える必要がある。連続体については **6** 章で述べることとし，この章では，多自由度系の解析の基礎となる 2 自由度系の振動について述べる。

4.1 運 動 方 程 式

図 *4.1*（*a*）に示す 2 自由度系の振動について述べる。運動方程式は質点 1 と質点 2 についての力の釣合いを考える。

質点 1 の慣性力は $m_1 \ddot{x}_1$ である。質点 1 に作用する力はつぎのように考える。まず，図（*b*）に示すように，質点 2 を固定し，質点 1 を x_1 だけ動かした状態を考える。ばね定数が k_1 であるばねは x_1 だけ伸びるので，質点 1 をもとに戻す方向の力が発生する。この力はここで考えている x_1 の方向とは反対方向に働くから，このばねから質点 1 に作用する力は $- k_1 x_1$ である。つぎに，ばね定数が k_2 であるばねは x_1 だけ縮む。このばねも質点 1 をもとの位置に戻すように作用するので，このばねから質点 1 に作用する力は $- k_2 x_1$ である。

一方，図（*c*）に示すように，質点 2 は x_2 だけ動く。そのため，ばね定数が k_2 であるばねの縮みは $x_1 - x_2$ になる。したがって，このばねから質点 1 に作用する力は $- k_2(x_1 - x_2)$ となる。

質点 1 の慣性力 ＝ 質点 1 に作用する力の関係から

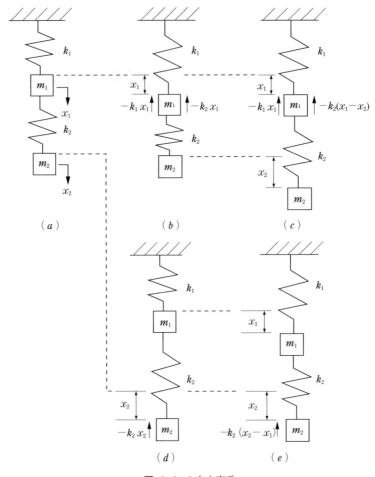

図 4.1 2自由度系

$$m_1\ddot{x}_1 = -k_1x_1 - k_2(x_1 - x_2) \tag{4.1}$$

質点2については，図 (d) に示すように，質点1を固定して質点2を x_2 だけ
動かした状態を考える。このとき，ばね定数が k_2 であるばねは x_2 だけ伸び
る。このばねは質点2をもとの位置に戻すように作用するので，このばねから
質点2に作用する力は $-k_2x_2$ となる。

一方，図 (e) に示すように質点1も x_1 だけ動く。そのため，ばね定数が k_2

であるばねの伸びは $x_2 - x_1$ となる。したがって，このばねから質点2に作用
する力は $- k_2(x_2 - x_1)$ となる。

質点2の慣性力 = 質点2に作用する力の関係から

$$m_2\ddot{x}_2 = - k_2(x_2 - x_1) \tag{4.2}$$

式（4.1）および式（4.2）から，図4.1に示す2自由度系の運動方程式は

$$\left.\begin{array}{l} m_1\ddot{x}_1 + k_1x_1 + k_2(x_1 - x_2) = 0 \\ m_2\ddot{x}_2 + k_2(x_2 - x_1) = 0 \end{array}\right\} \tag{4.3}$$

4.2 固有振動数および固有振動モード

2自由度系の固有振動数および固有振動モードの求め方を示す。
式（4.3）を行列表示すると

$$\begin{bmatrix} m_1 & 0 \\ 0 & m_2 \end{bmatrix}\begin{Bmatrix} \ddot{x}_1 \\ \ddot{x}_2 \end{Bmatrix} + \begin{bmatrix} k_1 + k_2 & - k_2 \\ - k_2 & k_2 \end{bmatrix}\begin{Bmatrix} x_1 \\ x_2 \end{Bmatrix} = \begin{Bmatrix} 0 \\ 0 \end{Bmatrix} \tag{4.4}$$

x_1 および x_2 をそれぞれつぎのようにおく。

$$\left.\begin{array}{l} x_1 = X_1 \sin(\omega t + \phi) \\ x_2 = X_2 \sin(\omega t + \phi) \end{array}\right\} \tag{4.5}$$

加速度 $\ddot{x}_1$ および $\ddot{x}_2$ はそれぞれつぎのようになる。

$$\left.\begin{array}{l} \ddot{x}_1 = - \omega^2 X_1 \sin(\omega t + \phi) \\ \ddot{x}_2 = - \omega^2 X_2 \sin(\omega t + \phi) \end{array}\right\} \tag{4.6}$$

式（4.5）および式（4.6）を式（4.3）に代入すると

$$\left.\begin{array}{l} - \omega^2 m_1 X_1 \sin(\omega t + \phi) + k_1 X_1 \sin(\omega t + \phi) \\ \quad + k_2\{X_1 \sin(\omega t + \phi) - X_2 \sin(\omega t + \phi)\} = 0 \\ - \omega^2 m_2 X_2 \sin(\omega t + \phi) + k_2\{X_2 \sin(\omega t + \phi) \\ \quad - X_1 \sin(\omega t + \phi)\} = 0 \end{array}\right\} \tag{4.7}$$

式（4.7）はつぎのようになる。

$$\left.\begin{array}{l} \{(k_1 + k_2 - \omega^2 m_1) X_1 - k_2 X_2\} \sin(\omega t + \phi) = 0 \\ \{(k_2 - \omega^2 m_2) X_2 - k_2 X_1\} \sin(\omega t + \phi) = 0 \end{array}\right\} \tag{4.8}$$

式 (4.8) の両辺を $\sin(\omega t + \phi)$ で割ると

$$(k_1 + k_2 - \omega^2 m_1)X_1 - k_2 X_2 = 0 \tag{4.9 a}$$

$$-k_2 X_1 + (k_2 - \omega^2 m_2)X_2 = 0 \tag{4.9 b}$$

式 (4.9) を行列表示すると

$$\begin{bmatrix} k_1 + k_2 - \omega^2 m_1 & -k_2 \\ -k_2 & k_2 - \omega^2 m_2 \end{bmatrix} \begin{Bmatrix} X_1 \\ X_2 \end{Bmatrix} = \begin{Bmatrix} 0 \\ 0 \end{Bmatrix} \tag{4.10}$$

式 (4.10) は，式 (4.5) および式 (4.6) を式 (4.4) に代入しても得られる。式 (4.4) はつぎのようになる。

$$\begin{bmatrix} m_1 & 0 \\ 0 & m_2 \end{bmatrix} \begin{Bmatrix} -\omega^2 X_1 \sin(\omega t + \phi) \\ -\omega^2 X_2 \sin(\omega t + \phi) \end{Bmatrix}$$

$$+ \begin{bmatrix} k_1 + k_2 & -k_2 \\ -k_2 & k_2 \end{bmatrix} \begin{Bmatrix} X_1 \sin(\omega t + \phi) \\ X_2 \sin(\omega t + \phi) \end{Bmatrix} = \begin{Bmatrix} 0 \\ 0 \end{Bmatrix} \tag{4.11}$$

式 (4.11) を整理すると

$$\begin{bmatrix} k_1 + k_2 - \omega^2 m_1 & -k_2 \\ -k_2 & k_2 - \omega^2 m_2 \end{bmatrix} \begin{Bmatrix} X_1 \sin(\omega t + \phi) \\ X_2 \sin(\omega t + \phi) \end{Bmatrix} = \begin{Bmatrix} 0 \\ 0 \end{Bmatrix} \tag{4.12}$$

式 (4.12) の両辺を $\sin(\omega t + \phi)$ で割ると式 (4.10) が求まる。

式 (4.10) が成り立つためには，つぎの行列式が 0 でなければならない。

$$\begin{vmatrix} k_1 + k_2 - \omega^2 m_1 & -k_2 \\ -k_2 & k_2 - \omega^2 m_2 \end{vmatrix} = 0 \tag{4.13}$$

行列式を展開すると

$$(k_1 + k_2 - \omega^2 m_1)(k_2 - \omega^2 m_2) - k_2{}^2 = 0 \tag{4.14}$$

さらに

$$m_1 m_2 \omega^4 - \{(k_1 + k_2)m_2 + k_2 m_1\}\omega^2 + (k_1 + k_2)k_2 - k_2{}^2 = 0 \tag{4.15}$$

両辺を $m_1 m_2$ で割ると

$$\omega^4 - \left(\frac{k_1 + k_2}{m_1} + \frac{k_2}{m_2}\right)\omega^2 + \frac{k_1 + k_2}{m_1} \cdot \frac{k_2}{m_2} - \frac{k_2{}^2}{m_1 m_2} = 0 \tag{4.16}$$

ここで

$$\Omega_1{}^2 = \frac{k_1 + k_2}{m_1}, \quad \Omega_2{}^2 = \frac{k_2}{m_2}, \quad \Omega_{12}{}^4 = \frac{k_2{}^2}{m_1 m_2} \tag{4.17}$$

とおくと，式 (4.16) は

$$\omega^4 - (\Omega_1{}^2 + \Omega_2{}^2)\,\omega^2 + \Omega_1{}^2 \Omega_2{}^2 - \Omega_{12}{}^4 = 0 \tag{4.18}$$

式 (4.18) を ω^2 について解くと

$$\omega^2 = \frac{\Omega_1{}^2 + \Omega_2{}^2 \mp \sqrt{(\Omega_1{}^2 + \Omega_2{}^2)^2 - 4(\Omega_1{}^2 \Omega_2{}^2 - \Omega_{12}{}^4)}}{2}$$

$$= \frac{\Omega_1{}^2 + \Omega_2{}^2 \mp \sqrt{(\Omega_1{}^2 - \Omega_2{}^2)^2 + 4\Omega_{12}{}^4}}{2} \tag{4.19}$$

式 (4.19) から，根号の中はつねに正となる。また，根は正の実根であることを示すことができる。式 (4.19) で表される根のうち小さいほうの根 ω_I を Ⅰ次の固有円振動数，大きいほうの根 ω_II をⅡ次の固有円振動数という。式 (4.9) で質量 m_1，m_2 およびばね定数 k_1，k_2 は与えられた定数である。

　一方，固有円振動数を表す ω と振幅を表す X_1，X_2 の三つの未知数があり，方程式は式 (4.9) の二つである。ω が求められたので，X_1，X_2 は比の形で求めることができる。

　式 (4.9 a) から

$$\frac{X_2}{X_1} = \frac{k_1 + k_2 - \omega^2 m_1}{k_2} \tag{4.20}$$

式 (4.9 b) から

$$\frac{X_2}{X_1} = \frac{k_2}{k_2 - \omega^2 m_2} \tag{4.21}$$

　式 (4.20) または式 (4.21) の ω に，ω_I および ω_II を代入することによって，それぞれⅠ次の固有円振動数およびⅡ次の固有円振動数における振幅の比が求まる。当然のことながら，式 (4.20) でも式 (4.21) でも同じ値になる。Ⅰ次の固有円振動数における振幅比を r_I，Ⅱ次の固有円振動数における振幅比を r_II とすると

$$r_\mathrm{I} = \frac{k_1 + k_2 - \omega_\mathrm{I}{}^2 m_1}{k_2} = \frac{k_2}{k_2 - \omega_\mathrm{I}{}^2 m_2} \tag{4.22}$$

$$r_{\mathrm{II}} = \frac{k_1 + k_2 - \omega_{\mathrm{II}}{}^2 m_1}{k_2} = \frac{k_2}{k_2 - \omega_{\mathrm{II}}{}^2 m_2} \qquad (4.23)$$

となり，$r_{\mathrm{I}} > 0$，$r_{\mathrm{II}} < 0$ であることを示すことができる。r_{I} および r_{II} をそれぞれ I 次および II 次の固有振動モードと呼ぶ。

図 4.2 に r_{I} および r_{II} の例を示す。I 次の固有振動モードでは質点 1 と質点 2 は同位相であり，II 次の固有振動モードでは逆位相である。II 次の固有振動モードで振幅比が 0 である点は振動しない。このような点を振動の節と呼んでいる。

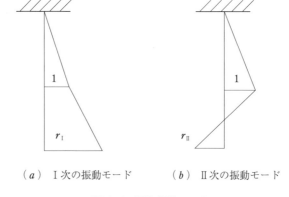

（ *a* ）　I 次の振動モード　　　（ *b* ）　II 次の振動モード

図 4.2　固有振動モード

2 自由度系の自由振動は，I 次の固有円振動数の振動と II 次の固有円振動数の振動が加え合わされたものであり，次式のように表される。

$$\left.\begin{array}{l} x_1 = X_{\mathrm{I}1} \sin (\omega_{\mathrm{I}} t + \phi_{\mathrm{I}}) + X_{\mathrm{II}1} \sin (\omega_{\mathrm{II}} t + \phi_{\mathrm{II}}) \\ x_2 = r_{\mathrm{I}} X_{\mathrm{I}1} \sin (\omega_{\mathrm{I}} t + \phi_{\mathrm{I}}) + r_{\mathrm{II}} X_{\mathrm{II}1} \sin (\omega_{\mathrm{II}} t + \phi_{\mathrm{II}}) \end{array}\right\} \qquad (4.24)$$

ここで，$X_{\mathrm{I}1}$ は I 次の振動における質点 1 の振幅，$X_{\mathrm{II}1}$ は II 次の振動における質点 1 の振幅を表す。式（4.24）で $X_{\mathrm{I}1}$，$X_{\mathrm{II}1}$，ϕ_{I} および ϕ_{II} が初期条件によって定まる。

例題 4.1　**図 4.3** に示す 2 自由度系の固有円振動数および固有振動モードを求めよ。

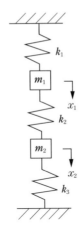

図 *4.3*

【解答】 運動方程式は

$$m_1\ddot{x}_1 + k_1x_1 + k_2(x_1 - x_2) = 0 \left.\begin{array}{c}\\\\\end{array}\right\}$$
$$m_2\ddot{x}_2 + k_2(x_2 - x_1) + k_3x_2 = 0 \quad\quad (4.25)$$

x_1 および x_2 をそれぞれつぎのようにおく。

$$x_1 = X_1 \sin(\omega t + \phi), \quad x_2 = X_2 \sin(\omega t + \phi) \quad\quad (4.26)$$

加速度 $\ddot{x}_1$ および $\ddot{x}_2$ はそれぞれつぎのようになる。

$$\ddot{x}_1 = -\omega^2 X_1 \sin(\omega t + \phi), \quad \ddot{x}_2 = -\omega^2 X_2 \sin(\omega t + \phi) \quad\quad (4.27)$$

式 (4.26) および式 (4.27) を式 (4.25) に代入すると

$$\begin{aligned}&-\omega^2 m_1 X_1 \sin(\omega t + \phi) + k_1 X_1 \sin(\omega t + \phi)\\&\quad + k_2\{X_1 \sin(\omega t + \phi) - X_2 \sin(\omega t + \phi)\} = 0\\&-\omega^2 m_2 X_2 \sin(\omega t + \phi) + k_2\{X_2 \sin(\omega t + \phi) - X_1 \sin(\omega t + \phi)\}\\&\quad + k_3 X_2 \sin(\omega t + \phi) = 0\end{aligned}$$

$$(4.28)$$

式 (4.28) の両辺を $\sin(\omega t + \phi)$ で割って整理すると

$$(k_1 + k_2 - \omega^2 m_1) X_1 - k_2 X_2 = 0 \quad\quad (4.29\,a)$$

$$-k_2 X_1 + (k_2 + k_3 - \omega^2 m_2) X_2 = 0 \quad\quad (4.29\,b)$$

式 (4.29) を行列表示すると

$$\begin{bmatrix} k_1 + k_2 - \omega^2 m_1 & -k_2 \\ -k_2 & k_2 + k_3 - \omega^2 m_2 \end{bmatrix}\begin{Bmatrix} X_1 \\ X_2 \end{Bmatrix} = \begin{Bmatrix} 0 \\ 0 \end{Bmatrix} \quad\quad (4.30)$$

式 (4.30) が成り立つためには，つぎの行列式が 0 でなければならない。

$$\begin{vmatrix} k_1 + k_2 - \omega^2 m_1 & - k_2 \\ - k_2 & k_2 + k_3 - \omega^2 m_2 \end{vmatrix} = 0 \qquad (4.31)$$

行列式を展開すると

$$(k_1 + k_2 - \omega^2 m_1)(k_2 + k_3 - \omega^2 m_2) - k_2{}^2 = 0 \qquad (4.32)$$

さらに

$$m_1 m_2 \omega^4 - \{(k_1 + k_2) m_2 + (k_2 + k_3) m_1\}\omega^2 + (k_1 + k_2)(k_2 + k_3) - k_2{}^2 = 0 \qquad (4.33)$$

両辺を $m_1 m_2$ で割ると

$$\omega^4 - \left(\frac{k_1 + k_2}{m_1} + \frac{k_2 + k_3}{m_2}\right)\omega^2 + \frac{k_1 + k_2}{m_1}\cdot\frac{k_2 + k_3}{m_2} - \frac{k_2{}^2}{m_1 m_2} = 0 \qquad (4.34)$$

ここで

$$\Omega_1{}^2 = \frac{k_1 + k_2}{m_1}, \quad \Omega_2{}^2 = \frac{k_2 + k_3}{m_2}, \quad \Omega_{12}{}^4 = \frac{k_2{}^2}{m_1 m_2} \qquad (4.35)$$

とおいて式 (4.34) を ω^2 について解くと，式 (4.19) と同様に，つぎの式が得られる。

$$\omega^2 = \frac{\Omega_1{}^2 + \Omega_2{}^2 \mp \sqrt{(\Omega_1{}^2 - \Omega_2{}^2)^2 + 4\Omega_{12}{}^4}}{2} \qquad (4.36)$$

振幅比は，式 $(4.29\ a)$ から

$$\frac{X_2}{X_1} = \frac{k_1 + k_2 - \omega^2 m_1}{k_2} \qquad (4.37)$$

振幅比は，式 $(4.29\ b)$ から得られるつぎの式からも求めることができる。

$$\frac{X_2}{X_1} = \frac{k_2}{k_2 + k_3 - \omega^2 m_2} \qquad (4.38)$$

　式 (4.37) または式 (4.38) の ω に，Ⅰ次およびⅡ次の固有円振動数 ω_{I} および ω_{II} を代入することによって，Ⅰ次およびⅡ次の固有振動モードを求めることができる。　　　　　　　　　　　　　　　　　　　　　　　　　　　　　◇

　例題 4.2　図 4.1 の2自由度系で，$m_1 = m_2 = 100\ \mathrm{kg}$，$k_1 = k_2 = 10\,000$ N/m の場合のⅠ次およびⅡ次の固有円振動数および固有振動モードを求めよ。

　【解答】　式 (4.17) から

$$\Omega_1{}^2 = \frac{20\,000}{100} = 200, \quad \Omega_2{}^2 = \frac{10\,000}{100} = 100, \quad \Omega_{12}{}^4 = \frac{10^8}{10\,000} = 10\,000$$

これらを式 (4.19) に代入すると

$$\omega^2 = \frac{300 \mp \sqrt{100^2 + 4 \times 10\,000}}{2} = \begin{cases} 38.2 \\ 262 \end{cases}$$

したがって，$\omega_{\text{I}} = 6.18\,\text{rad/s}$，$\omega_{\text{II}} = 16.2\,\text{rad/s}$ となる。振動モードは，式（4.20）～（4.23）から

$$r_{\text{I}} = \frac{X_2}{X_1} = \frac{20\,000 - 38.2 \times 100}{10\,000} = 1.62$$

$$r_{\text{II}} = \frac{X_2}{X_1} = \frac{20\,000 - 262 \times 100}{10\,000} = -0.62$$

式（4.22）および式（4.23）の最後の式を用いても同じ結果が得られる。　　　◇

4.3　力入力を受ける 2 自由度系の強制振動

図 4.4 に示すような外力を受ける 2 自由度系の振動について考える。図のように，質点 1 に $f(t) = F \sin \omega t$ で表される外力を受ける場合の運動方程式は，3.1 節で述べた 1 自由度系の場合と同様に，質点 1 に関する運動方程式にのみ外力の項が加わる。したがって

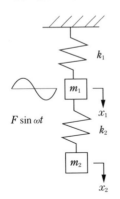

図 4.4　力入力を受ける 2 自由度系

$$\left.\begin{array}{l} m_1 \ddot{x}_1 + k_1 x_1 + k_2(x_1 - x_2) = F \sin \omega t \\ m_2 \ddot{x}_2 + k_2(x_2 - x_1) = 0 \end{array}\right\} \quad (4.39)$$

式（4.39）の解は，右辺を 0 とした場合の解 x_t（過渡応答）と式（4.40）を満足する一つの解 x_s（定常応答）の和である。それぞれの質点に対してつぎのようになる。

$$\left.\begin{array}{l} x_1 = x_{t1} + x_{s1} \\ x_2 = x_{t2} + x_{s2} \end{array}\right\} \quad (4.40)$$

x_{t1} および x_{t2} は式 (4.24) で与えられるので，ここでは定常応答 x_{s1} と x_{s2} を求める方法を示す。x_{s1} および x_{s2} をつぎのようにおく。

$$\left.\begin{array}{l} x_{s1} = X_{s1} \sin \omega t \\ x_{s2} = X_{s2} \sin \omega t \end{array}\right\} \tag{4.41}$$

加速度 $\ddot{x}_{s1}$ および $\ddot{x}_{s2}$ は

$$\left.\begin{array}{l} \ddot{x}_{s1} = - \omega^2 X_{s1} \sin \omega t \\ \ddot{x}_{s2} = - \omega^2 X_{s2} \sin \omega t \end{array}\right\} \tag{4.42}$$

式 (4.41) および式 (4.42) を式 (4.39) に代入すると

$$\left.\begin{array}{l} - \omega^2 m_1 X_{s1} \sin \omega t + k_1 X_{s1} \sin \omega t + k_2 (X_{s1} - X_{s2}) \sin \omega t \\ \quad = F \sin \omega t \\ - \omega^2 m_2 X_{s2} \sin \omega t + k_2 (X_{s2} - X_{s1}) \sin \omega t = 0 \end{array}\right\} \tag{4.43}$$

式 (4.43) の両辺を $\sin \omega t$ で割ると

$$\left.\begin{array}{l} - \omega^2 m_1 X_{s1} + k_1 X_{s1} + k_2 (X_{s1} - X_{s2}) = F \\ - \omega^2 m_2 X_{s2} + k_2 (X_{s2} - X_{s1}) = 0 \end{array}\right\} \tag{4.44}$$

式 (4.44) からつぎのような X_{s1} および X_{s2} に関する連立方程式が得られる。

$$\left.\begin{array}{l} (k_1 + k_2 - \omega^2 m_1) X_{s1} - k_2 X_{s2} = F \\ - k_2 X_{s1} + (k_2 - \omega^2 m_2) X_{s2} = 0 \end{array}\right\} \tag{4.45}$$

式 (4.45) を解くと

$$\left.\begin{array}{l} X_{s1} = \dfrac{F (k_2 - \omega^2 m_2)}{(k_1 + k_2 - \omega^2 m_1)(k_2 - \omega^2 m_2) - k_2^2} \\[4mm] X_{s2} = \dfrac{F k_2}{(k_1 + k_2 - \omega^2 m_1)(k_2 - \omega^2 m_2) - k_2^2} \end{array}\right\} \tag{4.46}$$

さらに両辺を $X_{st} = F/k_1$ で割ると

$$\left.\begin{array}{l} \dfrac{X_{s1}}{X_{st}} = \dfrac{1 - \left(\dfrac{\omega^2}{\omega_2^2}\right)}{\left(1 + \dfrac{k_2}{k_1} - \dfrac{\omega^2}{\omega_1^2}\right)\left(1 - \dfrac{\omega^2}{\omega_2^2}\right) - \dfrac{k_2}{k_1}} \\[8mm] \dfrac{X_{s2}}{X_{st}} = \dfrac{1}{\left(1 + \dfrac{k_2}{k_1} - \dfrac{\omega^2}{\omega_1^2}\right)\left(1 - \dfrac{\omega^2}{\omega_2^2}\right) - \dfrac{k_2}{k_1}} \end{array}\right\} \tag{4.47}$$

図 4.5 に X_{s1}/X_{st} および X_{s2}/X_{st} の共振曲線を示す。式（4.47）で計算すると負の値が求まることがある。この場合には，その質点の定常応答は入力と逆位相である。正の値が求まる場合には定常応答は入力と同位相である。

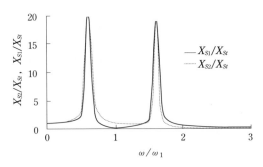

図 4.5 2自由度系の共振曲線（$k_1 = k_2$, $\omega_1 = \omega_2$）

4.4 変位入力を受ける2自由度系の強制振動

図 4.6 に示すような変位入力を受ける2自由度系の振動について考える。図のように $y(t) = Y \sin \omega t$ で表される変位入力を受ける場合の運動方程式は，3.3 節で述べた1自由度系の場合と同様に

$$\left. \begin{array}{l} m_1 \ddot{x}_1 + k_1(x_1 - y) + k_2(x_1 - x_2) = 0 \\ m_2 \ddot{x}_2 + k_2(x_2 - x_1) = 0 \end{array} \right\} \tag{4.48}$$

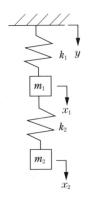

図 4.6 変位入力を受ける2自由度系

式 (4.48) に $y(t) = Y \sin \omega t$ を代入して整理すると

$$\left.\begin{array}{l} m_1 \ddot{x}_1 + k_1 x_1 + k_2(x_1 - x_2) = k_1 Y \sin \omega t \\ m_2 \ddot{x}_2 + k_2(x_2 - x_1) = 0 \end{array}\right\} \quad (4.49)$$

となり，力加振の式 (4.39) の場合と同じような式になる。この場合の応答
も過渡振動と定常振動の和となる。過渡応答は式 (4.24) で与えられる。定
常応答は x_{s1} および x_{s2} を式 (4.41) と同様につぎのようにおく。

$$\left.\begin{array}{l} x_{s1} = X_{s1} \sin \omega t \\ x_{s2} = X_{s2} \sin \omega t \end{array}\right\} \quad (4.50)$$

加速度 $\ddot{x}_{s1}$ および $\ddot{x}_{s2}$ は

$$\left.\begin{array}{l} \ddot{x}_{s1} = - \omega^2 X_{s1} \sin \omega t \\ \ddot{x}_{s2} = - \omega^2 X_{s2} \sin \omega t \end{array}\right\} \quad (4.51)$$

式 (4.50) および式 (4.51) を式 (4.49) に代入すると

$$\left.\begin{array}{l} - \omega^2 m_1 X_{s1} \sin \omega t + k_1 X_{s1} \sin \omega t + k_2(X_{s1} - X_{s2}) \sin \omega t \\ \quad = k_1 Y \sin \omega t \\ - \omega^2 m_2 X_{s2} \sin \omega t + k_2(X_{s2} - X_{s1}) \sin \omega t = 0 \end{array}\right\} \quad (4.52)$$

式 (4.52) の両辺を $\sin \omega t$ で割ると

$$\left.\begin{array}{l} - \omega^2 m_1 X_{s1} + k_1 X_{s1} + k_2(X_{s1} - X_{s2}) = k_1 Y \\ - \omega^2 m_2 X_{s2} + k_2(X_{s2} - X_{s1}) = 0 \end{array}\right\} \quad (4.53)$$

式 (4.53) からつぎのような X_{s1} および X_{s2} に関する連立方程式が得られ
る。

$$\left.\begin{array}{l} (k_1 + k_2 - \omega^2 m_1) X_{s1} - k_2 X_{s2} = k_1 Y \\ - k_2 X_{s1} + (k_2 - \omega^2 m_2) X_{s2} = 0 \end{array}\right\} \quad (4.54)$$

式 (4.54) を解くと

$$\left.\begin{array}{l} X_{s1} = \dfrac{k_1 Y (k_2 - \omega^2 m_2)}{(k_1 + k_2 - \omega^2 m_1)(k_2 - \omega^2 m_2) - k_2{}^2} \\[3mm] X_{s2} = \dfrac{k_1 Y k_2}{(k_1 + k_2 - \omega^2 m_1)(k_2 - \omega^2 m_2) - k_2{}^2} \end{array}\right\} \quad (4.55)$$

さらに両辺を Y で割り整理すると

$$\left.\begin{array}{l} \dfrac{X_{s1}}{Y} = \dfrac{1 - \left(\dfrac{\omega^2}{\omega_2{}^2}\right)}{\left(1 + \dfrac{k_2}{k_1} - \dfrac{\omega^2}{\omega_1{}^2}\right)\left(1 - \dfrac{\omega^2}{\omega_2{}^2}\right) - \dfrac{k_2}{k_1}} \\[4ex] \dfrac{X_{s2}}{Y} = \dfrac{1}{\left(1 + \dfrac{k_2}{k_1} - \dfrac{\omega^2}{\omega_1{}^2}\right)\left(1 - \dfrac{\omega^2}{\omega_2{}^2}\right) - \dfrac{k_2}{k_1}} \end{array}\right\} \qquad (4.56)$$

となり，式の形は力加振の場合と同じになる。正の値が求まった場合には，定常応答は入力と同位相，負の場合には逆位相となる。

コーヒーブレイク

固有振動モードの出し方

　自由度が一つ増えただけで計算がかなり大変になることになる。図に示す二つのおもりと二つのばねからなる2自由度系を揺らしてみる。そのときに，下のおもりをゆっくり上下に揺らすと，Ⅰ次の固有振動モードが現れる。上のおもりをやや速めに上下に揺らすとⅡ次の固有振動モードが現れる。

　この方法は，Ⅰ次振動では下のおもりのほうが上のおもりよりも大きく揺れ，Ⅱ次振動では上のおもりのほうが下のおもりよりも大きく揺れることを利用し，Ⅰ次の固有振動数のほうが，Ⅱ次の固有振動数よりも低いことを利用したものである。

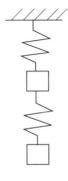

図　2自由度系

演 習 問 題

【**1**】☆ 図 *4*.*1* の 2 自由度系で $m_1 = 200\,\text{kg}$, $m_2 = 100\,\text{kg}$, $k_1 = 40\,000\,\text{N/m}$, $k_2 = 20\,000\,\text{N/m}$ のとき, I 次および II 次の固有円振動数および固有振動モードを求めよ。

【**2**】☆ 【**1**】において, 初期条件が $t = 0$ のときに $\dot{x}_1 = 0\,\text{mm/s}$, $\dot{x}_2 = 0\,\text{mm/s}$ であるとする。つぎの条件のときの自由振動を求めよ。

（1） $t = 0$ のときに $x_1 = 1\,\text{mm}$, $x_2 = 2\,\text{mm}$

（2） $t = 0$ のときに $x_1 = 0.6\,\text{mm}$, $x_2 = -0.6\,\text{mm}$

【**3**】 図 *4*.*3* に示す 2 自由度系で $m_1 = m_2 = 100\,\text{kg}$, $k_1 = k_2 = k_3 = 10\,000\,\text{N/m}$ のとき, I 次および II 次の固有円振動数と振動モードを求めよ。

【**4**】 【**1**】において, 初期条件が $t = 0$ のとき, $x_1 = 0$, $\dot{x}_1 = 0$, $x_2 = 0$, $\dot{x}_2 = 100\,\text{mm/s}$ である場合の応答を求めよ。

【**5**】 図 *4*.*4* に示す力加振を受ける 2 自由度系で $m_1 = 100\,\text{kg}$, $m_2 = 20\,\text{kg}$, $k_1 = 20\,000\,\text{N/m}$, $k_2 = 5\,000\,\text{N/m}$ で, 入力の振動数が $f = 2\,\text{Hz}$ のときの両方の質点の定常応答の振幅倍率（X_{s1}/X_{st} および X_{s2}/X_{st}）を求めよ。

【**6**】☆ 変位入力を受ける 2 自由度系で $m_1 = 200\,\text{kg}$, $m_2 = 100\,\text{kg}$, $k_1 = 40\,000\,\text{N/m}$, $k_2 = 20\,000\,\text{N/m}$, $Y = 0.025\,\text{m}$ であるとする。入力の振動数が $4\,\text{Hz}$ であるとき, この 2 自由度系の定常応答振幅を求めよ。

5

多自由度系の振動

　4章では2自由度系の振動について述べたが，さらに詳しく物体の振動を知りたい場合や複雑な構造物の振動を知りたい場合には，さらに多くの質点系を用いる必要がある。自由度が多くなると計算機を用いて計算しなければ結果が求まらないことが多い。

　一方，式（*4.24*）をみると，2自由度系の自由振動は，Ⅰ次の固有円振動数で振動する波とⅡ次の固有円振動数で振動する波に振動モードで表される振幅比を乗じて加えた式で表される。このことは，**図5.1**に示すようにⅠ次の固有円振動数をもつ1自由度系の応答とⅡ次の固有円振動数をもつ1自由度系の応答をそれぞれの次数に応じた振幅比を乗じて加えることを意味している。1自由度系の振動を求めることは容易である。このように，n自由度系をn個の固有円振動数をもつ1自由度系に分解し，それぞれの応答に振幅比を乗じて加えることによって応答を求める方法をモード解析法と呼ぶ。この章ではモード解析の基礎を2自由度系を用いて説明する。モード解

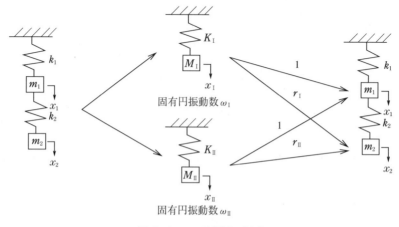

図5.1　モード解析の概要

析法については多くの参考書があるので，詳細はそれらを参考にしてほしい。

5.1 多自由度系の自由振動

図 4.1 (a) に示す 2 自由度系の自由振動の運動方程式は

$$
\left.
\begin{aligned}
m_1 \ddot{x}_1 + k_1 x_1 + k_2 (x_1 - x_2) = 0 \\
m_2 \ddot{x}_2 + k_2 (x_2 - x_1) = 0
\end{aligned}
\right\}
\tag{5.1}
$$

式 (5.1) を行列表示すると

$$
\begin{bmatrix} m_1 & 0 \\ 0 & m_2 \end{bmatrix}
\begin{Bmatrix} \ddot{x}_1 \\ \ddot{x}_2 \end{Bmatrix}
+
\begin{bmatrix} k_1 + k_2 & -k_2 \\ -k_2 & k_2 \end{bmatrix}
\begin{Bmatrix} x_1 \\ x_2 \end{Bmatrix}
=
\begin{Bmatrix} 0 \\ 0 \end{Bmatrix}
\tag{5.2}
$$

式 (5.2) をつぎのように書く。

$$
M\ddot{x} + Kx = 0
\tag{5.3}
$$

ここで，M は質量行列 (mass matrix)，K は剛性行列 (stiffness matrix) であり，$\ddot{x}$ は加速度ベクトル (acceleration vector)，x は変位ベクトル (displacement vector) である。右辺は力ベクトル (force vector) であるが，自由振動で外力は 0 であるからゼロベクトル 0 となっている。それぞれ，つぎのように表される。

$$
\left.
\begin{aligned}
M = \begin{bmatrix} m_1 & 0 \\ 0 & m_2 \end{bmatrix}, \quad
K = \begin{bmatrix} k_1 + k_2 & -k_2 \\ -k_2 & k_2 \end{bmatrix} \\
\ddot{x} = \begin{Bmatrix} \ddot{x}_1 \\ \ddot{x}_2 \end{Bmatrix}, \quad
x = \begin{Bmatrix} x_1 \\ x_2 \end{Bmatrix}, \quad
0 = \begin{Bmatrix} 0 \\ 0 \end{Bmatrix}
\end{aligned}
\right\}
\tag{5.4}
$$

ここで，$x = Xe^{\lambda t}$ とおくと，$\ddot{x} = \lambda^2 X e^{\lambda t}$ となる。これを式 (5.3) に代入すると

$$
\{\lambda^2 M + K\} X = 0
\tag{5.5}
$$

$X \neq 0$ であることを考慮すると

$$
|\lambda^2 M + K| = 0
\tag{5.6}
$$

でなければならない。λ は固有値 (eigenvalue) と呼ばれ，式 (5.6) の行列

式を展開し，λ に関する高次方程式を解くことによって得られる。式 (5.6) について解くと

$$\lambda = \pm \omega_{\mathrm{I}} i, \quad \lambda = \pm \omega_{\mathrm{II}} i \tag{5.7}$$

ω_{I} および ω_{II} は式 (4.19) で与えられる。式 (5.7) を式 (5.5) に代入して x_2 と x_1 の比を求めると，式 (4.22) および式 (4.23) のようになる。質点 1 の振幅を 1 とすると，質点 2 の振幅は I 次の場合は r_{I}，II 次の場合は r_{II} である。I 次と II 次の振幅をベクトルで表すと

$$\boldsymbol{\phi}_{\mathrm{I}} = \begin{Bmatrix} 1 \\ r_{\mathrm{I}} \end{Bmatrix}, \quad \boldsymbol{\phi}_{\mathrm{II}} = \begin{Bmatrix} 1 \\ r_{\mathrm{II}} \end{Bmatrix} \tag{5.8}$$

これらを固有ベクトルまたはモードベクトルと呼ぶ。また，これらのベクトルを並べたものをモード行列と呼ぶ。

$$\boldsymbol{\Phi} = \{\boldsymbol{\phi}_{\mathrm{I}} \quad \boldsymbol{\phi}_{\mathrm{II}}\} = \begin{bmatrix} 1 & 1 \\ r_{\mathrm{I}} & r_{\mathrm{II}} \end{bmatrix} \tag{5.9}$$

モード行列と質量行列の積 $\boldsymbol{\Phi}^T \boldsymbol{M} \boldsymbol{\Phi}$，およびモード行列と剛性行列の積 $\boldsymbol{\Phi}^T \boldsymbol{K} \boldsymbol{\Phi}$ は，対角行列になるという性質がある。ここで T は転置行列を表す。このことをモードベクトルを使って表すと

$$\left. \begin{aligned} \boldsymbol{\phi}_{\mathrm{I}}{}^T \boldsymbol{M} \boldsymbol{\phi}_{\mathrm{II}} = 0 \\ \boldsymbol{\phi}_{\mathrm{II}}{}^T \boldsymbol{M} \boldsymbol{\phi}_{\mathrm{I}} = 0 \end{aligned} \right\} \tag{5.10}$$

$$\left. \begin{aligned} \boldsymbol{\phi}_{\mathrm{I}}{}^T \boldsymbol{K} \boldsymbol{\phi}_{\mathrm{II}} = 0 \\ \boldsymbol{\phi}_{\mathrm{II}}{}^T \boldsymbol{K} \boldsymbol{\phi}_{\mathrm{I}} = 0 \end{aligned} \right\} \tag{5.11}$$

および

$$\left. \begin{aligned} \boldsymbol{\phi}_{\mathrm{I}}{}^T \boldsymbol{M} \boldsymbol{\phi}_{\mathrm{I}} = M_{\mathrm{I}} \\ \boldsymbol{\phi}_{\mathrm{II}}{}^T \boldsymbol{M} \boldsymbol{\phi}_{\mathrm{II}} = M_{\mathrm{II}} \end{aligned} \right\} \tag{5.12}$$

$$\left. \begin{aligned} \boldsymbol{\phi}_{\mathrm{I}}{}^T \boldsymbol{K} \boldsymbol{\phi}_{\mathrm{I}} = K_{\mathrm{I}} \\ \boldsymbol{\phi}_{\mathrm{II}}{}^T \boldsymbol{K} \boldsymbol{\phi}_{\mathrm{II}} = K_{\mathrm{II}} \end{aligned} \right\} \tag{5.13}$$

式 (5.12) と式 (5.13) を用いると

$$\omega_{\mathrm{I}} = \sqrt{\frac{K_{\mathrm{I}}}{M_{\mathrm{I}}}}, \quad \omega_{\mathrm{II}} = \sqrt{\frac{K_{\mathrm{II}}}{M_{\mathrm{II}}}} \tag{5.14}$$

自由振動の解は

$$\boldsymbol{x} = \boldsymbol{\phi}_\mathrm{I} X_\mathrm{II} \sin(\omega_\mathrm{I} t + \phi_\mathrm{I}) + \boldsymbol{\phi}_\mathrm{II} X_\mathrm{II} \sin(\omega_\mathrm{II} t + \phi_\mathrm{II}) \tag{5.15}$$

となり，式 (4.24) と同じになる。

例題 5.1 例題 4.2 で求めた固有振動モードを用いて，**図 4.1** の 2 自由度系において，$m_1 = m_2 = 100\,\mathrm{kg}$, $k_1 = k_2 = 10\,000\,\mathrm{N/m}$ の場合に式 (5.10) ～(5.14) を確認せよ。

【解答】 例題 4.2 から固有ベクトルは

$$\boldsymbol{\phi}_\mathrm{I} = \begin{Bmatrix} 1 \\ 1.61 \end{Bmatrix}, \quad \boldsymbol{\phi}_\mathrm{II} = \begin{Bmatrix} 1 \\ -0.62 \end{Bmatrix}$$

また，質量行列 $\boldsymbol{M}$ および剛性行列 $\boldsymbol{K}$ は式 (5.4) から

$$\boldsymbol{M} = \begin{bmatrix} 100 & 0 \\ 0 & 100 \end{bmatrix}, \quad \boldsymbol{K} = \begin{bmatrix} 20\,000 & -10\,000 \\ -10\,000 & 10\,000 \end{bmatrix}$$

これらを式 (5.10) ～ (5.14) に代入すると

$$\boldsymbol{\phi}_\mathrm{I}{}^T \boldsymbol{M} \boldsymbol{\phi}_\mathrm{II} = \{1 \quad 1.61\} \begin{bmatrix} 100 & 0 \\ 0 & 100 \end{bmatrix} \begin{Bmatrix} 1 \\ -0.62 \end{Bmatrix} = \{100 \quad 161\} \begin{Bmatrix} 1 \\ -0.62 \end{Bmatrix}$$
$$= 100 - 99.8 = 0.2$$

$$\boldsymbol{\phi}_\mathrm{II}{}^T \boldsymbol{M} \boldsymbol{\phi}_\mathrm{I} = \{1 \quad -0.62\} \begin{bmatrix} 100 & 0 \\ 0 & 100 \end{bmatrix} \begin{Bmatrix} 1 \\ 1.61 \end{Bmatrix} = \{100 \quad -62\} \begin{Bmatrix} 1 \\ 1.61 \end{Bmatrix}$$
$$= 100 - 99.8 = 0.2$$

$$\boldsymbol{\phi}_\mathrm{I}{}^T \boldsymbol{K} \boldsymbol{\phi}_\mathrm{II} = \{1 \quad 1.61\} \begin{bmatrix} 20\,000 & -10\,000 \\ -10\,000 & 10\,000 \end{bmatrix} \begin{Bmatrix} 1 \\ -0.62 \end{Bmatrix}$$
$$= \{20\,000 - 16\,100 \quad -10\,000 + 16\,100\} \begin{Bmatrix} 1 \\ -0.62 \end{Bmatrix}$$
$$= \{3\,900 \quad 6\,100\} \begin{Bmatrix} 1 \\ -0.62 \end{Bmatrix} = 3\,900 - 3\,782 = 118$$

$$\boldsymbol{\phi}_\mathrm{II}{}^T \boldsymbol{K} \boldsymbol{\phi}_\mathrm{I} = \{1 \quad -0.62\} \begin{bmatrix} 20\,000 & -10\,000 \\ -10\,000 & 10\,000 \end{bmatrix} \begin{Bmatrix} 1 \\ 1.62 \end{Bmatrix}$$
$$= \{26\,200 \quad -16\,200\} \begin{Bmatrix} 1 \\ 1.62 \end{Bmatrix} = 26\,200 - 26\,244 = -44$$

$$\boldsymbol{\phi}_\mathrm{I}{}^T \boldsymbol{M} \boldsymbol{\phi}_\mathrm{I} = \{1 \quad 1.61\} \begin{bmatrix} 100 & 0 \\ 0 & 100 \end{bmatrix} \begin{Bmatrix} 1 \\ 1.61 \end{Bmatrix} = \{100 \quad 161\} \begin{Bmatrix} 1 \\ 1.61 \end{Bmatrix}$$

$$= 100 + 259 = 359 = M_{\mathrm{I}}$$

$$\boldsymbol{\phi}_{\mathrm{II}}{}^{T}\boldsymbol{M}\boldsymbol{\phi}_{\mathrm{II}} = \{1 \quad -0.62\}\begin{bmatrix} 100 & 0 \\ 0 & 100 \end{bmatrix}\begin{Bmatrix} 1 \\ -0.62 \end{Bmatrix} = \{100 \quad -62\}\begin{Bmatrix} 1 \\ -0.62 \end{Bmatrix}$$

$$= 100 + 38 = 138 = M_{\mathrm{II}}$$

$$\boldsymbol{\phi}_{\mathrm{I}}{}^{T}\boldsymbol{K}\boldsymbol{\phi}_{\mathrm{I}} = \{1 \quad 1.61\}\begin{bmatrix} 20\,000 & -10\,000 \\ -10\,000 & 10\,000 \end{bmatrix}\begin{Bmatrix} 1 \\ 1.61 \end{Bmatrix}$$

$$= \{20\,000 - 16\,100 \quad -10\,000 + 16\,100\}\begin{Bmatrix} 1 \\ 1.61 \end{Bmatrix}$$

$$= \{3\,900 \quad 6\,100\}\begin{Bmatrix} 1 \\ 1.61 \end{Bmatrix} = 3\,900 + 9\,800 = 13\,700 = K_{\mathrm{I}}$$

$$\boldsymbol{\phi}_{\mathrm{II}}{}^{T}\boldsymbol{K}\boldsymbol{\phi}_{\mathrm{II}} = \{1 \quad -0.62\}\begin{bmatrix} 20\,000 & -10\,000 \\ -10\,000 & 10\,000 \end{bmatrix}\begin{Bmatrix} 1 \\ -0.62 \end{Bmatrix}$$

$$= \{26\,200 \quad -16\,200\}\begin{Bmatrix} 1 \\ -0.62 \end{Bmatrix} = 26\,200 + 10\,000 = 36\,200 = K_{\mathrm{II}}$$

式 (*5.14*) から

$$\omega_{\mathrm{I}} = \sqrt{\frac{K_{\mathrm{I}}}{M_{\mathrm{I}}}} = \sqrt{\frac{13\,700}{359}} = 6.18\,\mathrm{rad/s}$$

$$\omega_{\mathrm{II}} = \sqrt{\frac{K_{\mathrm{II}}}{M_{\mathrm{II}}}} = \sqrt{\frac{36\,200}{138}} = 16.2\,\mathrm{rad/s}$$

したがって，I 次と II 次の固有円振動数の値は**例題 *4.2*** と一致する。式 (*5.10*) と式 (*5.11*) を使って求めた値は 0 になっていないが，M_{I}, M_{II}, K_{I}, K_{II} の値と比較しても十分に小さい値となっている。これは四捨五入の関係で，さらにけた数を大きくとれば 0 に近づく。   ◇

5.2 多自由度系の強制振動

図 *4.4* に示す 1 番目の質点に入力を受ける 2 自由度系の運動方程式は

$$\left. \begin{aligned} m_1\ddot{x}_1 + k_1 x_1 + k_2(x_1 - x_2) &= F\sin\omega t \\ m_2\ddot{x}_2 + k_2(x_2 - x_1) &= 0 \end{aligned} \right\} \tag{5.16}$$

式 (*5.16*) を行列表示すると

$$\begin{bmatrix} m_1 & 0 \\ 0 & m_2 \end{bmatrix}\begin{Bmatrix} \ddot{x}_1 \\ \ddot{x}_2 \end{Bmatrix} + \begin{bmatrix} k_1 + k_2 & -k_2 \\ -k_2 & k_2 \end{bmatrix}\begin{Bmatrix} x_1 \\ x_2 \end{Bmatrix} = \begin{Bmatrix} F\sin\omega t \\ 0 \end{Bmatrix} \tag{5.17}$$

式 (5.17) をつぎのように書く。

$$M\ddot{x} + Kx = F \tag{5.18}$$

この式は式 (5.3) の右辺が F になっている。F は力ベクトルであり，つぎのように表される。

$$F = \begin{Bmatrix} F \sin \omega t \\ 0 \end{Bmatrix} \tag{5.19}$$

ここで

$$x = \Phi q \tag{5.20}$$

とおく。2自由度系について考えると

$$x = \phi_\mathrm{I} q_\mathrm{I} + \phi_\mathrm{II} q_\mathrm{II} \tag{5.21}$$

q_I および q_II は一般化座標と呼ばれる。式 (5.21) を式 (5.18) に代入し，左側から ϕ_I^T を掛けると

$$\phi_\mathrm{I}^T M \phi_\mathrm{I} \ddot{q}_\mathrm{I} + \phi_\mathrm{I}^T M \phi_\mathrm{II} \ddot{q}_\mathrm{II} + \phi_\mathrm{I}^T K \phi_\mathrm{I} q_\mathrm{I} + \phi_\mathrm{I}^T K \phi_\mathrm{II} q_\mathrm{II} = \phi_\mathrm{I}^T F \tag{5.22}$$

式 (5.10) および式 (5.11) から，$\phi_\mathrm{I}^T M \phi_\mathrm{II} = 0$，$\phi_\mathrm{I}^T K \phi_\mathrm{II} = 0$ であるから

$$\phi_\mathrm{I}^T M \phi_\mathrm{I} \ddot{q}_\mathrm{I} + \phi_\mathrm{I}^T K \phi_\mathrm{I} q_\mathrm{I} = \phi_\mathrm{I}^T F \tag{5.23}$$

同様に式 (5.21) を式 (5.18) に代入し，左側から ϕ_II^T を掛けると

$$\phi_\mathrm{II}^T M \phi_\mathrm{II} \ddot{q}_\mathrm{II} + \phi_\mathrm{II}^T K \phi_\mathrm{II} q_\mathrm{II} = \phi_\mathrm{II}^T F \tag{5.24}$$

式 (5.12) および式 (5.13) の $\phi_\mathrm{I}^T M \phi_\mathrm{I} = M_\mathrm{I}$，$\phi_\mathrm{II}^T M \phi_\mathrm{II} = M_\mathrm{II}$，$\phi_\mathrm{I}^T K \phi_\mathrm{I} = K_\mathrm{I}$，$\phi_\mathrm{II}^T K \phi_\mathrm{II} = K_\mathrm{II}$ を式 (5.23) および式 (5.24) に代入し，$\phi_\mathrm{I}^T F = F_\mathrm{I}$，$\phi_\mathrm{II}^T F = F_\mathrm{II}$ とおくと，つぎのような独立した二つの連立方程式が得られる。

$$\left.\begin{aligned} M_\mathrm{I} \ddot{q}_\mathrm{I} + K_\mathrm{I} q_\mathrm{I} &= F_\mathrm{I} \\ M_\mathrm{II} \ddot{q}_\mathrm{II} + K_\mathrm{II} q_\mathrm{II} &= F_\mathrm{II} \end{aligned}\right\} \tag{5.25}$$

式 (5.25) の定常振動に対する解は

$$\left.\begin{aligned} q_\mathrm{I} &= \frac{F_\mathrm{I}}{K_\mathrm{I} - M_\mathrm{I} \omega^2} \\ q_\mathrm{II} &= \frac{F_\mathrm{II}}{K_\mathrm{II} - M_\mathrm{II} \omega^2} \end{aligned}\right\} \tag{5.26}$$

式 (5.21) に代入すると

$$x = \phi_\mathrm{I} \frac{F_\mathrm{I}}{K_\mathrm{I} - M_\mathrm{I}\omega^2} + \phi_\mathrm{II} \frac{F_\mathrm{II}}{K_\mathrm{II} - M_\mathrm{II}\omega^2} \tag{5.27}$$

例題 5.2 例題 5.1 で用いた 2 自由度系の 1 番目の質点に，$10\,000\sin 5t$ で表される入力を受けるときの定常振動応答を，固有振動モードを用いて求めよ。

【解答】 例題 5.1（例題 4.2）から

$$\phi_\mathrm{I} = \begin{Bmatrix} 1 \\ 1.61 \end{Bmatrix}, \quad \phi_\mathrm{II} = \begin{Bmatrix} 1 \\ -0.62 \end{Bmatrix}$$

$M_\mathrm{I} = 359\,\mathrm{kg}$, $K_\mathrm{I} = 13\,700\,\mathrm{N/m}$, $M_\mathrm{II} = 138\,\mathrm{kg}$, $K_\mathrm{II} = 36\,200\,\mathrm{N/m}$ である。また

$$\phi_\mathrm{I}{}^T \boldsymbol{F} = F_\mathrm{I} = \{1 \quad 1.61\} \begin{Bmatrix} 10\,000\sin 5t \\ 0 \end{Bmatrix} = 10\,000\sin 5t$$

$$\phi_\mathrm{II}{}^T \boldsymbol{F} = F_\mathrm{II} = \{1 \quad -0.62\} \begin{Bmatrix} 10\,000\sin 5t \\ 0 \end{Bmatrix} = 10\,000\sin 5t$$

さらに，$\omega = 5\,\mathrm{rad/s}$ である。これらを式 (5.26) に代入すると

$$q_\mathrm{I} = \frac{10\,000\sin 5t}{13\,700 - 359 \times 5^2} = 2.116\sin 5t$$

$$q_\mathrm{II} = \frac{10\,000\sin 5t}{36\,200 - 138 \times 5^2} = 0.305\sin 5t$$

式 (5.21) から

$$\begin{Bmatrix} x_1 \\ x_2 \end{Bmatrix} = \begin{Bmatrix} 1 \\ 1.61 \end{Bmatrix} 2.116\sin 5t + \begin{Bmatrix} 1 \\ -0.62 \end{Bmatrix} 0.305\sin 5t$$

したがって

$$x_1 = 2.116\sin 5t + 0.305\sin 5t = 2.42\sin 5t\,\mathrm{m}$$

コーヒーブレイク

振動問題と行列

　この章は行列の世界である。本書では，比較的手計算が容易な 2 自由度系を扱った。3 自由度系でも手計算でできないことはないが，構造が複雑になるほど，また，考える質点の数が多くなるほど（詳細に計算する必要があるとき）行列の規模が大きくなる。そのため，コンピュータの助けが必要となる。また，コンピュータを用いて計算を行う際に，行列や行列式の計算手法を取り入れることで，計算過程を短くすることもできる。

$$x_2 = 1.61 \times 2.116 \sin 5t - 0.62 \times 0.305 \sin 5t = 3.22 \sin 5t \text{ m}$$

この結果の振幅を式（4.46）から求めてみる。

x_1 および x_2 の振幅がそれぞれ式（4.46）の X_{s1} および X_{s2} となる。$m_1 = m_2 = 100$ kg, $k_1 = k_2 = 10\,000$ N/m であるから

$$X_{s1} = \frac{10\,000 \times (10\,000 - 5^2 \times 100)}{(10\,000 + 10\,000 - 5^2 \times 100)(10\,000 - 5^2 \times 100) - 10\,000^2} = 2.4 \text{ m}$$

$$X_{s2} = \frac{10\,000^2}{(10\,000 + 10\,000 - 5^2 \times 100)(10\,000 - 5^2 \times 100) - 10\,000^2} = 3.2 \text{ m}$$

したがって，振幅は一致する。   ◇

　この章では，減衰を考えなかったが，減衰行列を式（5.4）の質量行列や剛性行列と同じように定義することができる。しかしながら，一般に式（5.10）および式（5.11）に該当する関係が成立しない場合が多く，これらの式が成立するものとして計算する方法や，これらの式が成立するような減衰行列を導入する方法などがある。これらのことについてはモード解析の参考書を参考にして欲しい。

演 習 問 題

【1】☆ 図4.1 の 2 自由度系で $m_1 = 200$ kg, $m_2 = 100$ kg, $k_1 = 40\,000$ N/m, $k_2 = 20\,000$ N/m のとき，式（5.12）および式（5.13）で与えられる M_{I}, M_{II}, K_{I}, K_{II} を求めよ。4章の**演習問題【1】**で得られた $r_{\mathrm{I}} = 2$, $r_{\mathrm{II}} = -1$ を用いてよい。

【2】 図4.3 に示す 2 自由度系で $m_1 = m_2 = 100$ kg, $k_1 = k_2 = k_3 = 10\,000$ N/m のときの固有円振動数のモードは，4章の**演習問題【3】**の結果から $\omega_{\mathrm{I}} = 10$ rad/s, $\omega_{\mathrm{II}} = 17.3$ rad/s となる。さらに，固有振動モードは，$r_{\mathrm{I}} = 1$, $r_{\mathrm{II}} = -1$ となる。このとき，式（5.10）〜（5.14）を確認せよ。

【3】 図4.3 に示す 2 自由度系で $m_1 = m_2 = 100$ kg, $k_1 = k_2 = k_3 = 10\,000$ N/m とし，2 番目の質点に $F \sin \omega t$ で表される力が作用するものとする。$F = 50$ kN, $\omega = 5$ rad/s のときの定常振動を式（5.18）〜（5.27）を用いて求めよ（固有振動モードや M_{I}, M_{II}, K_{I}, K_{II} の値は【2】の結果を用いてよい）。

6

連続体の振動

　振動する物体のすべての点での振動を知りたい場合には，無限の自由度を
もった連続体の振動を考える必要がある。連続体としては，弦・はり・板・
円筒などがあり，これらの振動は偏微分方程式で表される。ここでは，いく
つかの代表的な連続体の振動を扱い，いずれの場合も振動による連続体の変
位は小さいものとする。また，断面積・密度・材料定数（縦弾性係数や横弾
性係数）がどこでも一定である一様な連続体を扱う。

6.1 弦 の 振 動

　図 6.1 に示すように，長さが l で両端が張力 T で引っ張られている弦の振
動を考える。

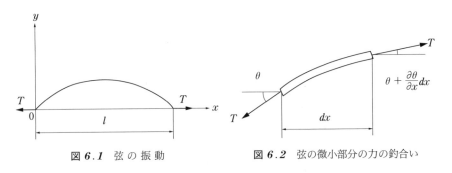

図 6.1　弦 の 振 動　　　　　　図 6.2　弦の微小部分の力の釣合い

　ここで，弦の断面積が A で密度が ρ であるとする。連続体では，**図 6.2** に
示すような微小長さ dx における力の釣合いから運動方程式を導く。このよう
な場合の変位 y は原点からの距離 x と時間 t の関数となる。長さ dx の弦にお

ける慣性力は

$$\rho A dx \frac{\partial^2 y}{\partial t^2} \tag{6.1}$$

また，長さ dx に作用する力は，右側では y の正の方向に作用し，左側では反対方向（y の負の方向）に作用しているので

$$T \left(\theta + \frac{\partial \theta}{\partial x} dx \right) - T\theta = T \frac{\partial \theta}{\partial x} dx \tag{6.2}$$

$\theta = \partial y / \partial x$ であり，式 (6.1) と式 (6.2) が等しいから

$$\rho A dx \frac{\partial^2 y}{\partial t^2} = T \frac{\partial \theta}{\partial x} dx = T \frac{\partial^2 y}{\partial x^2} dx \tag{6.3}$$

式 (6.3) をつぎのように書くことができる。

$$\frac{\partial^2 y}{\partial t^2} = c^2 \frac{\partial^2 y}{\partial x^2} \tag{6.4}$$

ここで

$$c^2 = \frac{T}{\rho A} \tag{6.5}$$

式 (6.5) の解を x のみの関数 $Y(x)$ と時間 t のみの関数 $G(t)$ の積

$$y = Y(x) G(t) \tag{6.6}$$

と仮定する。式 (6.6) を式 (6.4) に代入すると

$$\frac{\partial^2 G(t)}{\partial t^2} Y(x) - c^2 \frac{\partial^2 Y(x)}{\partial x^2} G(t) = 0 \tag{6.7}$$

式 (6.7) はつぎのように変形できる。

$$\frac{1}{Y(x)} \cdot \frac{\partial^2 Y(x)}{\partial x^2} = \frac{1}{c^2} \cdot \frac{1}{G(t)} \cdot \frac{\partial^2 G(t)}{\partial t^2} = -\left(\frac{\omega}{c} \right)^2 \tag{6.8}$$

したがって，式 (6.8) はつぎの二つの常微分方程式になる。

$$\frac{d^2 Y(x)}{dx^2} + \left(\frac{\omega}{c} \right)^2 Y(x) = 0 \tag{6.9}$$

$$\frac{d^2 G(t)}{dt^2} + \omega^2 G(t) = 0 \tag{6.10}$$

式 (6.9) および式 (6.10) は式 (2.5) と同じ形式になっているので，解はそれぞれ次式のようになる。

$$Y(x) = A \cos \frac{\omega}{c} x + B \sin \frac{\omega}{c} x \qquad (6.11)$$

$$G(t) = C \cos \omega t + D \sin \omega t \qquad (6.12)$$

式 (6.12) は1自由度系の振動と同じであり，C および D は初期条件で決まる。この式は，弦のそれぞれの位置で振動していることを示している。また，式 (6.11) は振動の形（固有振動モード）を示しており，A および B は境界条件で決まる。両端が固定され張力 T で引っ張られている場合には，境界条件は，$x = 0$ では $Y(x) = 0$ となり，$x = l$ でも $Y(x) = 0$ となる。

$x = 0$ のとき，$Y(x) = 0$ の条件を式 (6.11) に代入すると，$A = 0$ が得られる。さらに，$x = l$ のとき $Y(x) = 0$ の条件を式 (6.11) に代入すると

$$0 = B \sin \frac{\omega}{c} l \qquad (6.13)$$

となる。

$A = 0$ であるから，$B = 0$ では振動しないことになる。弦の振動について考えているのであるから，$B \neq 0$ でなければならない。したがって

$$\frac{\omega_i}{c} l = i\pi \quad (i = \text{I}, \text{ II}, \text{ III}, \cdots) \qquad (6.14)$$

変形して

$$\omega_i = \frac{i\pi c}{l} \quad (i = \text{I}, \text{ II}, \text{ III}, \cdots) \qquad (6.15)$$

式 (6.15) を式 (6.11) の ω に代入し，$A = 0$ であることを考慮すると

$$Y_i(x) = B_i \sin \frac{i\pi}{l} x \quad (i = \text{I}, \text{ II}, \text{ III}, \cdots) \qquad (6.16)$$

弦の振動では，固有円振動数は式 (6.15) で与えられ，それぞれの固有円振動数に対応して固有振動モードが式 (6.16) で与えられる。I～III次までの固有円振動数と固有振動モードを図 **6.3** に示す。弦の振動は，これらの固有振動モードを加え合わせて得られる。すなわち，式 (6.6) に式 (6.12) および式 (6.16) を代入すると

$$y = \sum_{i=1}^{\infty} \left(B_i \sin \frac{i\pi}{l} x \right)(C_i \cos \omega_i t + D_i \sin \omega_i t) \qquad (6.17)$$

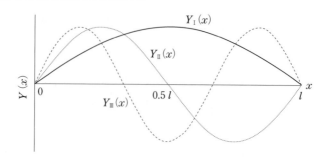

図 6.3　弦の固有振動モード

6.2　棒 の 縦 振 動

　図 6.4 に示す長さが l で一様な棒の長さ方向の振動を考える。断面積が A で密度が ρ であるとする。運動方程式は，棒の一端から x だけ離れた長さ dx における慣性力と，この部分に作用する力を考える。x だけ離れた断面の変位を u とすると，u は原点からの距離 x と時間 t の関数となる。

　長さ dx の棒における慣性力は

$$\rho A dx \frac{\partial^2 u}{\partial t^2} \tag{6.18}$$

また，長さ dx の断面に作用する力は，両側の断面に作用する応力と断面積

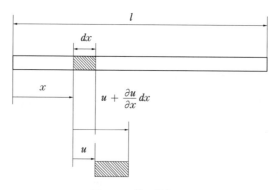

図 6.4　棒の縦振動

の積である。左側に作用している応力を σ とする。右側では考えている方向
（x の正の方向）に作用し，左側では反対方向（x の負の方向）に作用してい
るので

$$\left(\sigma + \frac{\partial\sigma}{\partial x}\,dx\right)A - \sigma A = \frac{\partial\sigma}{\partial x}\,A dx \tag{6.19}$$

となる。

応力 σ は縦弾性係数 E とひずみ ε の積で与えられる。棒の一端から $x +$
dx 離れた断面における変位は $u + (\partial u/\partial x)\,dx$ である。また，長さ dx の部
分のひずみは

$$\varepsilon = \frac{u + (\partial u/\partial x)\,dx - u}{dx} = \frac{\partial u}{\partial x} \tag{6.20}$$

式 (6.19) および式 (6.20) を用いると

$$\frac{\partial\sigma}{\partial x}\,A dx = \frac{\partial}{\partial x}\left(E\,\frac{\partial u}{\partial x}\right)A dx = EA\,\frac{\partial^2 u}{\partial x^2}\,dx \tag{6.21}$$

式 (6.18) と式 (6.21) が等しいことから

$$\rho A\,\frac{\partial^2 u}{\partial t^2}\,dx = EA\,\frac{\partial^2 u}{\partial x^2}\,dx \tag{6.22}$$

式 (6.22) はつぎのように書くことができる。

$$\frac{\partial^2 u}{\partial t^2} = c^2\,\frac{\partial^2 u}{\partial x^2} \tag{6.23}$$

ここで

$$c^2 = \frac{E}{\rho} \tag{6.24}$$

したがって，弦の振動と同じ形式の運動方程式となる。

6.3 棒のねじり振動

図 6.5 に示す長さが l で一様な棒のねじり振動を考える。断面積が A で密
度が ρ であるとする。運動方程式は，棒の一端から x だけ離れた長さ dx にお
ける慣性力によるモーメントとこの部分に作用するモーメントを考える。x だ

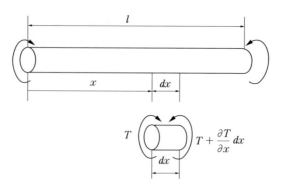

図 6.5 棒のねじり振動

け離れた断面の角変位を θ とすると，θ は原点からの距離 x と時間 t の関数となる。長さ dx の棒における慣性力によるモーメントはこの部分の慣性モーメントが $\rho I_p dx$（I_p は，ねじりの中心軸に関する極断面2次モーメント）であることから

$$\rho I_p dx \frac{\partial^2 \theta}{\partial t^2} \tag{6.25}$$

となる。また，長さ dx の断面に作用するモーメントは両側の断面に作用するトルクである。左側に作用しているトルクを T とする。右側では考えている方向（正の回転方向）に作用し，左側では反対方向（負の回転方向）に作用しているので

$$T + \frac{\partial T}{\partial x}\,dx - T = \frac{\partial T}{\partial x}\,dx \tag{6.26}$$

長さ dx の部分のトルクは，$T = GI_p(\partial\theta/\partial x)$ で与えられるから，式（6.26）は

$$\frac{\partial T}{\partial x}\,dx = \frac{\partial}{\partial x}\left(GI_p\frac{\partial \theta}{\partial x}\right)dx = GI_p\frac{\partial^2 \theta}{\partial x^2}\,dx \tag{6.27}$$

式（6.25）と式（6.27）が等しいことから

$$\rho I_p \frac{\partial^2 \theta}{\partial t^2}\,dx = GI_p\frac{\partial^2 \theta}{\partial x^2}\,dx \tag{6.28}$$

式（6.28）はつぎのように書くことができる。

$$\frac{\partial^2 \theta}{\partial t^2} = c^2 \frac{\partial^2 \theta}{\partial x^2} \tag{6.29}$$

ここで

$$c^2 = \frac{G}{\rho} \tag{6.30}$$

したがって，弦の振動および棒の縦振動と同じ形式の運動方程式となる。

6.4　棒のせん断振動

図 6.6 のように，せん断力を受ける一様な棒の横方向の振動を考える。断面積が A で密度が ρ であるとする。運動方程式は，棒の一端から x だけ離れた長さ dx の部分における慣性力と作用する力を考える。x だけ離れた断面の変位を y とすると，y は原点からの距離 x と時間 t の関数となる。長さ dx の棒における慣性力は

$$\rho A dx \frac{\partial^2 y}{\partial t^2} \tag{6.31}$$

一端から x だけ離れた断面に作用するせん断応力 τ は，γ をせん断ひずみ，

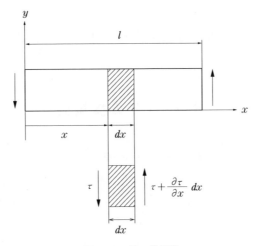

図 6.6　棒の横振動

G をせん断弾性係数とすると

$$\tau = G\gamma \tag{6.32}$$

長さ dx の部分の断面に作用する力は，両側の断面に作用する応力と断面積の積である。左側に作用している応力を τ とする。右側では，考えている方向（y の正の方向）に作用し，左側では反対方向（y の負の方向）に作用しているので

$$\left(\tau + \frac{\partial \tau}{\partial x}\, dx\right) A - \tau A = \frac{\partial \tau}{\partial x}\, A dx \tag{6.33}$$

長さ dx のあいだにおけるせん断ひずみは，$\partial y/\partial x$ である。式（6.32）および式（6.33）を用いると

$$\frac{\partial \tau}{\partial x}\, A dx = \frac{\partial}{\partial x}\left(G\,\frac{\partial y}{\partial x}\right) A dx = GA\,\frac{\partial^2 y}{\partial x^2}\, dx \tag{6.34}$$

式（6.31）と式（6.34）が等しいことから

$$\rho A\,\frac{\partial^2 y}{\partial t^2}\, dx = GA\,\frac{\partial^2 y}{\partial x^2}\, dx \tag{6.35}$$

式（6.22）はつぎのように書くことができる。

$$\frac{\partial^2 y}{\partial t^2} = c^2\,\frac{\partial^2 y}{\partial x^2} \tag{6.36}$$

ここで

$$c^2 = \frac{G}{\rho} \tag{6.37}$$

したがって，弦の振動，棒の縦振動および棒のねじり振動と同じ形式の運動方程式となる。

6.5 はりの横振動

　図 **6.7** に示すような一様なはりの中心軸に対して，直角方向の振動，すなわち横振動について考える。このような振動 y は原点からの距離 x と時間 t の関数となる。微小な長さ dx のはりについての運動方程式を考える。はりの密度を ρ，断面積を A，曲げ剛性を EI とする。この部分の質量は，$\rho A dx$ で

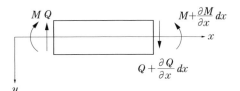

図 6.7　はりの横振動

あり，加速度は y を時間のみで微分するので偏微分で表され，$\partial^2 y/\partial t^2$ となる。また，この部分に作用する力は，せん断力を Q とすると

$$- Q + Q + \frac{\partial Q}{\partial x}\, dx = \frac{\partial Q}{\partial x}\, dx$$

となる。したがって，運動方程式は

$$\rho A dx\, \frac{\partial^2 y}{\partial t^2} = \frac{\partial Q}{\partial x}\, dx \qquad (6.38)$$

両辺を dx で割ると

$$\rho A\, \frac{\partial^2 y}{\partial t^2} = \frac{\partial Q}{\partial x} \qquad (6.39)$$

　図 6.7 に示すように，下向きにたわむ方向の曲げモーメント M を ＋ とすると，材料力学の知識から

$$\frac{\partial^2 y}{\partial x^2} = - \frac{M}{EI} \qquad (6.40)$$

また

$$Q = \frac{\partial M}{\partial x} \qquad (6.41)$$

であるから，式（6.40）および式（6.41）を式（6.39）に代入すると

$$\rho A\, \frac{\partial^2 y}{\partial t^2} = - EI\, \frac{\partial^4 y}{\partial x^4} \qquad (6.42)$$

右辺を移項して両辺を ρA で割ると

$$\frac{\partial^2 y}{\partial t^2} + \frac{EI}{\rho A} \cdot \frac{\partial^4 y}{\partial x^4} = 0 \qquad (6.43)$$

この式がはりの横振動の基礎式となる。

$$\frac{EI}{\rho A} = a^2 \qquad (6.44)$$

とおくと

$$\frac{\partial^2 y}{\partial t^2} + a^2 \frac{\partial^4 y}{\partial x^4} = 0 \tag{6.45}$$

式 (6.45) の解を x のみの関数 $Y(x)$ と時間 t のみの関数 $G(t)$ の積

$$y = Y(x)G(t) \tag{6.46}$$

と仮定する。式 (6.46) を式 (6.45) に代入すると

$$\frac{\partial^2 G(t)}{\partial t^2} Y(x) + a^2 \frac{\partial^4 Y(x)}{\partial x^4} G(t) = 0 \tag{6.47}$$

式 (6.47) はつぎのように変形できる。

$$\frac{1}{Y(x)} \cdot \frac{\partial^4 Y(x)}{\partial x^4} = -\frac{1}{a^2} \cdot \frac{1}{G(t)} \cdot \frac{\partial^2 G(t)}{\partial t^2} = \beta^4 \tag{6.48}$$

ここで

$$\beta^2 = \frac{\omega}{a} \tag{6.49}$$

とすると，式 (6.48) からつぎの二つの常微分方程式が得られる。

$$\frac{d^4 Y(x)}{dx^4} - \beta^4 Y(x) = 0 \tag{6.50}$$

$$\frac{d^2 G(t)}{dt^2} + \omega^2 G(t) = 0 \tag{6.51}$$

式 (6.51) は1自由度系の運動方程式である。$Y(x) = e^{sx}$ とおいて式 (6.50) に代入すると

$$s^4 - \beta^4 = 0 \tag{6.52}$$

これを s について解くと

$$s = \beta, \ -\beta, \ i\beta, \ -i\beta \tag{6.53}$$

したがって

$$Y(x) = D_1 e^{\beta x} + D_2 e^{-\beta x} + D_3 e^{i\beta x} + D_4 e^{-i\beta x} \tag{6.54}$$

また

$$\cos \beta x = \frac{e^{i\beta x} + e^{-i\beta x}}{2}, \ \sin \beta x = \frac{e^{i\beta x} - e^{-i\beta x}}{2i}$$

$$\cosh \beta x = \frac{e^{\beta x} + e^{-\beta x}}{2}, \ \sinh \beta x = \frac{e^{\beta x} - e^{-\beta x}}{2}$$

であるので, 式（6.54）はつぎのように書くことができる。

$$Y(x) = C_1 \cos \beta x + C_2 \sin \beta x + C_3 \cosh \beta x + C_4 \sinh \beta x \quad (6.55)$$

式（6.55）に境界条件を用いることによって固有振動数および振動モードを求めることができる。

例題 6.1 図 6.8 に示す片持ばりの, 固有振動数および固有振動モードを求めよ。

図 6.8 片 持 ば り

【解答】 片持ばりの境界条件は, 固定端 $x = 0$ で変位（たわみ）$Y(x)$ およびたわみ角 $dY(x)/dx$ が 0, 自由端 $x = l$ で曲げモーメント $EI(d^2 Y(x)/dx^2)$ およびせん断力 $EI(d^3 Y(x)/dx^3)$ が 0 である。

$x = 0$ で $Y(x) = 0$ であることから, 式（6.55）に $x = 0$ を代入すると

$$0 = C_1 + C_3 \quad (6.56)$$

式（6.55）を x で微分すると

$$\frac{dY(x)}{dx} = -\beta C_1 \sin \beta x + \beta C_2 \cos \beta x + \beta C_3 \sinh \beta x + \beta C_4 \cosh \beta x$$

$$(6.57)$$

$x = 0$ で $dY(x)/dx = 0$ であることから

$$0 = \beta C_2 + \beta C_4 \quad (6.58)$$

両辺を β で割ると

$$0 = C_2 + C_4 \quad (6.59)$$

式（6.57）を x で微分すると

$$\frac{d^2 Y(x)}{dx^2} = -\beta^2 C_1 \cos \beta x - \beta^2 C_2 \sin \beta x + \beta^2 C_3 \cosh \beta x + \beta^2 C_4 \sinh \beta x$$

$$(6.60)$$

$x = l$ で $EI(d^2 Y(x)/dx^2) = 0$, すなわち $d^2 Y(x)/dx^2 = 0$ であることから, 式（6.60）に $x = l$ を代入し, 両辺を β^2 で割ると

$$0 = -C_1 \cos \beta l - C_2 \sin \beta l + C_3 \cosh \beta l + C_4 \sinh \beta l \quad (6.61)$$

式（6.60）を x で微分すると

$$\frac{d^3 Y(x)}{dx^3} = \beta^3 C_1 \sin \beta x - \beta^3 C_2 \cos \beta x + \beta^3 C_3 \sinh \beta x + \beta^3 C_4 \cosh \beta x$$
$$(6.62)$$

$x = l$ で $EI(d^3 Y(x)/dx^3) = 0$，すなわち $d^3 Y(x)/dx^3 = 0$ であることから，式 (6.62) に $x = l$ を代入し，両辺を β^3 で割ると

$$0 = C_1 \sin \beta l - C_2 \cos \beta l + C_3 \sinh \beta l + C_4 \cosh \beta l \quad (6.63)$$

式 (6.56)，(6.59)，(6.61)，(6.63) を行列表示すると

$$\begin{bmatrix} 1 & 0 & 1 & 0 \\ 0 & 1 & 0 & 1 \\ -\cos \beta l & -\sin \beta l & \cosh \beta l & \sinh \beta l \\ \sin \beta l & -\cos \beta l & \sinh \beta l & \cosh \beta l \end{bmatrix} \begin{Bmatrix} C_1 \\ C_2 \\ C_3 \\ C_4 \end{Bmatrix} = \begin{Bmatrix} 0 \\ 0 \\ 0 \\ 0 \end{Bmatrix} \quad (6.64)$$

式 (6.64) が成り立つためには，つぎの行列式が 0 となる。

$$\begin{vmatrix} 1 & 0 & 1 & 0 \\ 0 & 1 & 0 & 1 \\ -\cos \beta l & -\sin \beta l & \cosh \beta l & \sinh \beta l \\ \sin \beta l & -\cos \beta l & \sinh \beta l & \cosh \beta l \end{vmatrix} = 0 \quad (6.65)$$

式 (6.65) は**例題 *1*．*6*** から，つぎのように展開できる。

$$\begin{vmatrix} 1 & 0 & 1 \\ -\sin \beta l & \cosh \beta l & \sinh \beta l \\ -\cos \beta l & \sinh \beta l & \cosh \beta l \end{vmatrix} + \begin{vmatrix} 0 & 1 & 1 \\ -\cos \beta l & -\sin \beta l & \sinh \beta l \\ \sin \beta l & -\cos \beta l & \cosh \beta l \end{vmatrix}$$

$$= \cosh^2 \beta l - \sinh \beta l \sin \beta l + \cosh \beta l \cos \beta l - \sinh^2 \beta l + \sinh \beta l \sin \beta l$$
$$+ \cos^2 \beta l + \sin^2 \beta l + \cosh \beta l \cos \beta l$$

$$= 2 + 2 \cosh \beta l \cos \beta l = 0$$

したがって

$$1 + \cosh \beta l \cos \beta l = 0 \quad (6.66)$$

式 (6.66) は解析的に解くことができない。ここで

$$\beta l = \lambda \quad (6.67)$$

とおいて，例えば次式のように変形する。

$$\cos \lambda = -\frac{1}{\cosh \lambda} \quad (6.68)$$

図 *6*．*9* のように λ を横軸にとると，$\cos \lambda$ と $-1/\cosh \lambda$ のグラフの交点が根となる。根は無限個あり，根の小さいほうから λ_I，λ_II，$\cdots$，λ_i，$\cdots$ とする。

式 (6.44) および (6.49) から

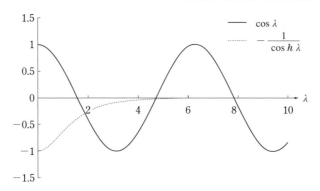

図 6.9　片持ばりの固有振動数の計算法

$$\omega_i = \frac{\lambda_i{}^2}{l^2}\sqrt{\frac{EI}{\rho A}} \tag{6.69}$$

ω_i は i 次の固有円振動数である。また，$\lambda_{\mathrm{I}} = 1.875$，$\lambda_{\mathrm{II}} = 4.694$，$\lambda_{\mathrm{III}} = 7.855$ となる。

固有振動モードは式 (6.55) および式 (6.56)，(6.59)，(6.61)，(6.63) のいずれか三つの式を用いて求めることができる。式 (6.56) および (6.59) から

$$C_1 = -C_3 \tag{6.70}$$
$$C_2 = -C_4 \tag{6.71}$$

これらの式を式 (6.61) に代入すると

$$C_3(\cosh \beta l + \cos \beta l) + C_4(\sinh \beta l + \sin \beta l) = 0 \tag{6.72}$$

したがって

$$C_4 = -\frac{\cosh \beta l + \cos \beta l}{\sinh \beta l + \sin \beta l} C_3 \tag{6.73}$$

さらに，式 (6.70) および (6.71) を式 (6.55) に代入すると

$$Y(x) = C_3(\cosh \beta x - \cos \beta x) + C_4(\sinh \beta x - \sin \beta x) \tag{6.74}$$

式 (6.73) を式 (6.74) に代入すると

$$Y(x) = C_3 \left\{ (\cosh \beta x - \cos \beta x) - \frac{\cosh \beta l + \cos \beta l}{\sinh \beta l + \sin \beta l}(\sinh \beta x - \sin \beta x) \right\}$$

$$= \frac{C_3}{\sinh \beta l + \sin \beta l} \{ (\cosh \beta x - \cos \beta x)(\sinh \beta l + \sin \beta l)$$

$$- (\sinh \beta x - \sin \beta x)(\cosh \beta l + \cos \beta l) \} \tag{6.75}$$

ここで

$$C_i = \frac{C_3}{\sinh \beta l + \sin \beta l} \tag{6.76}$$

とおくと，i 次の固有振動モードは式 (6.67) を用いると

$$Y_i(x) = C_i \Bigg\{ \bigg(\cosh \lambda_i \frac{x}{l} - \cos \lambda_i \frac{x}{l} \bigg) (\sinh \lambda_i + \sin \lambda_i)$$

$$- \bigg(\sinh \lambda_i \frac{x}{l} - \sin \lambda_i \frac{x}{l} \bigg) (\cosh \lambda_i + \cos \lambda_i) \Bigg\} \quad (i = \text{I, II, III}, \cdots)$$

$$(6.77)$$

したがって，式（6.46）に式（6.12）および式（6.77）を代入すると

$$y = \sum_{i=1}^{\infty} \Bigg[C_i \Bigg\{ \bigg(\cosh \lambda_i \frac{x}{l} - \cos \lambda_i \frac{x}{l} \bigg) (\sinh \lambda_i + \sin \lambda_i)$$

$$- \bigg(\sinh \lambda_i \frac{x}{l} - \sin \lambda_i \frac{x}{l} \bigg) (\cosh \lambda_i + \cos \lambda_i) \Bigg\} \Bigg] (E_i \cos \omega_i t + F_i \sin \omega_i t)$$

$$(6.78)$$

式（6.77）の固有振動モードを図 **6.10** に示す。

┌──── コーヒーブレイク ────┐

連続体の振動の複雑さ

　世の中にある物体は，厳密には連続体である。したがって，振動を考える場合には連続体の振動を考えることになる。しかし，計算が複雑であるために，**5** 章で示した多自由度系でモデル化することも多い。境界条件としてもいろいろなものがある。当然のことであるが，計算が複雑となるために，近似計算法が使われることもある。

　本書では，一様な弦，棒およびはりの一方向の振動を考えればよい場合を扱った。例えば，断面積や材料定数が一様でない場合には，これらの偏微分も考えなければならない。さらに，平板のような二次元の物体の振動を考える場合には，x と t だけでなくもう一つ変数が必要となる。一般的な三次元の振動を考える場合には，さらに変数が必要となる。

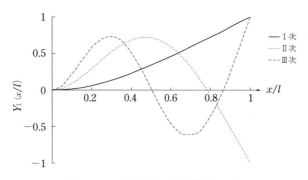

図 6.10　片持ばりの固有振動モード

◇

演 習 問 題

【1】　1 m 当りの質量が 0.2 kg で長さが 1.5 m の弦に，20 N の張力が作用している とき，この弦の固有振動数をⅢ次まで求めよ。

【2】☆　図 6.4 に示す長さ l の棒の縦振動で，一端（$x = 0$）で固定され，他端 （$x = l$）で自由である場合の固有円振動数および固有振動モードを求めよ。

【3】☆　【2】の結果を用いて，一端で固定され，他端で自由である長さが 2 m である 棒の縦振動の固有振動数をⅢ次まで求めよ。縦弾性係数 E は 206 GPa，密度 ρ は 7 900 kg/m³ とする。

【4】☆　図 6.6 に示す長さ l の棒のせん断振動で，両端（$x = 0$ および $x = l$）で自 由である場合の固有円振動数および固有振動モードを求めよ。

【5】　長さが l で，両端が単純支持されたはりにおいて，固有振動数と振動モードを Ⅲ次まで求めよ。

【6】　片持ばりのⅡ次の固有振動数とⅠ次の固有振動数の比，およびⅢ次の固有振動 数とⅠ次の固有振動数の比を求めよ。

【7】☆　幅 b が 10 mm，厚さ h が 4 mm，長さ l が 150 mm の片持ちばりの固有振動 数をⅢ次まで求めよ。縦弾性係数 E は 70 GPa，密度 ρ は 2 700 kg/m³ とす る。はりは厚さ方向に振動するものとする。

7

回転体の振動

機械は回転運動を使うものが多い。回転体ではさまざまな振動が発生する。ここでは，おもに不釣合いによる振動について述べる。

7.1 回転体の危険速度

まず，図 **7.1** に示すような軸受に支持された細い軸にある円板において，回転の中心と重心の位置がずれている場合を考える。ただし，重力の影響を無視する。

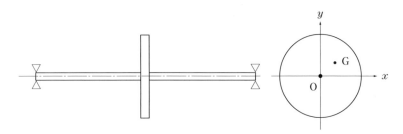

図 7.1 軸受に支持された回転体

つぎに，この回転体の軸受の中心 O，回転中心 C と重心の位置 G が図 **7.2** のようになったとする。O と C の距離を r とし，C の座標を (x, y) とする。また，C と G の距離を e とし，G の座標を (x_G, y_G) とする。円板が C の回りを一定の角速度 ω で回転しているとすると，G の座標は次式で表される。

$$
\left.
\begin{aligned}
x_G &= x + e \cos \omega t \\
y_G &= y + e \sin \omega t
\end{aligned}
\right\}
\tag{7.1}
$$

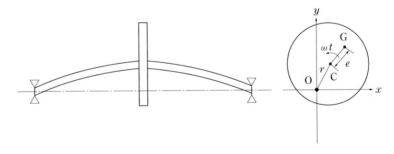

図 7.2　回転中心と重心

円板の質量を m, 軸の剛性を k とし, 軸の質量は円板と比較して無視できるほど小さく, 減衰はないものとすると

$$m\ddot{x}_G + kx = 0 \left.\begin{array}{c}\\\\\end{array}\right\} \tag{7.2}$$
$$m\ddot{y}_G + ky = 0$$

式 (7.1) から

$$\ddot{x}_G = \ddot{x} - e\omega^2 \cos \omega t \left.\begin{array}{c}\\\\\end{array}\right\} \tag{7.3}$$
$$\ddot{y}_G = \ddot{y} - e\omega^2 \sin \omega t$$

式 (7.3) を式 (7.2) に代入して整理すると

$$m\ddot{x} + kx = me\omega^2 \cos \omega t \tag{7.4 a}$$

$$m\ddot{y} + ky = me\omega^2 \sin \omega t \tag{7.4 b}$$

x 軸方向の定常振動を考える。$x = X \cos \omega t$ とすると, $\ddot{x} = -\omega^2 X \cos \omega t$ であるから, これらを式 (7.4 a) に代入すると

$$-\omega^2 m X \cos \omega t + kX \cos \omega t = me\omega^2 \cos \omega t \tag{7.5}$$

両辺を $\cos \omega t$ で割ると

$$-\omega^2 m X + kX = me\omega^2 \tag{7.6}$$

したがって

$$X = \frac{me\omega^2}{k - \omega^2 m} = \frac{e\omega^2}{\omega_n^2 - \omega^2} = \frac{(\omega/\omega_n)^2}{1 - (\omega/\omega_n)^2} e \tag{7.7}$$

ここで, $\omega_n = \sqrt{k/m}$ は固有円振動数を表す。

y 軸方向の振動についても同様の式が得られる。

式（7.7）の両辺を e で割ると

$$\frac{X}{e} = \frac{(\omega/\omega_n)^2}{1 - (\omega/\omega_n)^2} \tag{7.8}$$

図 7.3 に共振曲線を示す。入力の円振動数 ω と固有円振動数 ω_n が近いと振幅が非常に大きくなる。ω_n のことを**危険速度**（critical speed）とも呼ぶ。回転体では1分間の回転数 rpm（revolution per minute）がよく使われる。危険速度を N_c〔rpm〕とすると

$$N_c = \frac{60\omega_n}{2\pi} \tag{7.9}$$

図の破線は式（7.8）から得られる値が負である領域である。この破線の領域では入力に対して応答が逆位相になっている。

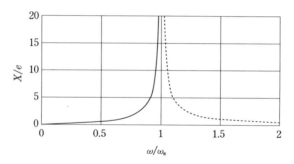

図 7.3　共振曲線（回転体の回転中心）

例題 7.1　図 7.4 に示す曲げ剛性が EI である細い軸の中央に，質量 m

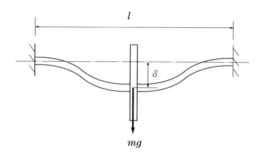

図 7.4

の薄い円板が取り付けられている。自重によって軸がたわむことによる危険速度を求めよ。ただし，軸の両端は固定支持としてよいものとする。

【解答】 軸の中央部のたわみ δ は

$$\delta = \frac{mg}{192EI} l^3$$

であるから

$$k = \frac{mg}{\delta} = \frac{192EI}{l^3}$$

式（2.4）から，固有円振動数は

$$\omega_n = \sqrt{\frac{k}{m}} = \sqrt{\frac{192EI}{ml^3}}$$

したがって，危険速度は式（7.9）から

$$N_c = \frac{30}{\pi} \sqrt{\frac{192EI}{ml^3}} \text{ rpm} \qquad\qquad \diamondsuit$$

7.2 不釣合いによる励振を受ける振動

図 7.5 に示すように回転による励振を受ける 1 自由度系の振動を考える。ここでは x 方向の振動を考えるが，y 方向の振動についても同様に考えることができる。

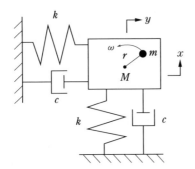

図 7.5 回転による励振を
受ける 1 自由度系

回転部分の質量を m として，半径 r で角速度 ω で回転しているとする。回転体も含めた質量を M とすると，運動方程式は

$$M\ddot{x} + c\dot{x} + kx = mr\omega^2 \cos \omega t \tag{7.10}$$

定常振動は式 (3.7) と同様に

$$x = A \cos \omega t + B \sin \omega t \tag{7.11}$$

とおくと

$$\dot{x} = -\omega A \sin \omega t + \omega B \cos \omega t \tag{7.12}$$

$$\ddot{x} = -\omega^2 A \cos \omega t - \omega^2 B \sin \omega t \tag{7.13}$$

式 (7.11) ～ (7.13) を式 (7.10) に代入すると

$$-M\omega^2 A \cos \omega t - M\omega^2 B \sin \omega t - c\omega A \sin \omega t + c\omega B \cos \omega t$$

$$+ kA \cos \omega t + kB \sin \omega t$$

$$= \{(k - M\omega^2)A + c\omega B\} \cos \omega t + \{(k - M\omega^2)B - c\omega A\} \sin \omega t$$

$$= mr\omega^2 \cos \omega t \tag{7.14}$$

両辺の $\cos \omega t$ と $\sin \omega t$ の係数が等しくなければならないから

$$\left.\begin{array}{l} (k - M\omega^2)A + c\omega B = mr\omega^2 \\ -c\omega A + (k - M\omega^2)B = 0 \end{array}\right\} \tag{7.15}$$

式 (7.15) を A と B について解くと

$$\left.\begin{array}{l} A = \dfrac{k - M\omega^2}{(k - M\omega^2)^2 + (c\omega)^2} mr\omega^2 \\ B = \dfrac{c\omega}{(k - M\omega^2)^2 + (c\omega)^2} mr\omega^2 \end{array}\right\} \tag{7.16}$$

式 (7.11) を式 (7.16) に代入して式 (2.18) と同様な形式に整理すると

$$x = X \cos (\omega t - \phi)$$

ここで

$$X = \frac{mr\omega^2}{\sqrt{(k - M\omega^2)^2 + (c\omega)^2}} \tag{7.17 a}$$

$$\phi = \tan^{-1}\left(\frac{c\omega}{k - M\omega^2}\right) \tag{7.17 b}$$

回転部分と回転部分も含めた質量の比 (m/M) を γ とし，式 (7.17 a) の両辺を γr で割り，$\omega_n = \sqrt{k/M}$ とすると

$$\left.\begin{array}{l} \dfrac{X}{\gamma r} = \dfrac{(\omega/\omega_n)^2}{\sqrt{\{1 - (\omega/\omega_n)^2\}^2 + (2\,\zeta\omega/\omega_n)^2}} \\[4mm] \phi = \tan^{-1}\left\{\dfrac{2\,\zeta\omega/\omega_n}{1 - (\omega/\omega_n)^2}\right\} \end{array}\right\} \tag{7.18}$$

図 7.6 に共振曲線を示す。

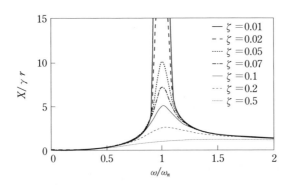

図 7.6 共振曲線（不釣合いのある回転体の振動）

例題 7.2 図 7.5 において，質量 $M = 20\,\mathrm{kg}$ の物体の中心から $r = 10$ mm のところに $m = 0.5\,\mathrm{kg}$ の不釣合いがあり，$600\,\mathrm{rpm}$ で回転している。減衰係数 $c = 0\,\mathrm{Ns/m}$ とし，ばね定数 $k = 12\,000\,\mathrm{N/m}$ のときの物体の定常振幅を求めよ（質量 M には不釣合いの質量 m が含まれるものとする）。

【解答】 $\omega = 2\pi \times 600/60 = 62.8\,\mathrm{rad/s}$ であるから，式 (7.17 a) より

$$X = \frac{0.5 \times 0.01 \times 62.8^2}{\sqrt{(12\,000 - 20 \times 62.8^2)^2}} = 0.29\,\mathrm{mm} \qquad\qquad \diamondsuit$$

7.3 回転体の釣合せ

7.3.1 1 面 釣 合 せ

図 7.7 に示すような薄い円板の中心から r のところに m で表される不釣合いがあるものとする。円板が回転すると，不釣合いによって $mr\omega^2$ の遠心力

が発生する。mr で表される量を不釣合い量と呼ぶ。中心に対して反対側に mr に相当するおもりを取り付けることによって，不釣合いをなくすことができる。

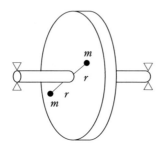

図 7.7　不釣合いのある
薄い円板

7.3.2　2 面 釣 合 せ

図 7.8 のように円筒状の回転体では反対方向に同じだけの不釣合い量があっても回転運動が発生してしまう。このような場合には，回転運動が発生しないようにおもりをつける必要がある。そのためには，不釣合い量をベクトルと考えて，任意の 2 面に

1)　不釣合い量の総和が 0 となる

2)　任意の点回りの不釣合い量によるモーメントが 0 となる

ようなおもりを取り付けて釣り合わせる。

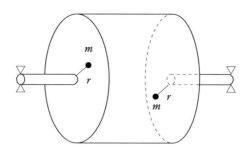

図 7.8　不釣合いのある回転体

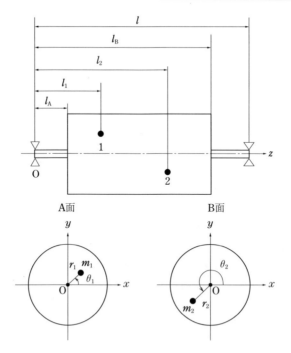

図7.9 不釣合いのある回転体

　一例として，**図7.9**に示す回転体を考える。図のように左側の支持点に原点をとり，原点からl_1およびl_2の位置に，x軸からの角度がそれぞれθ_1およびθ_2で，それぞれ$m_1 r_1$および$m_2 r_2$の不釣合い量があるとする。この回転体を原点からl_Aおよびl_Bの位置に，それぞれU_AおよびU_Bの修正不釣合い量をx軸からの角度θ_Aおよびθ_Bの位置に取り付けて釣り合わせる。ベクトルや複素数を使って解く方法もあるが，z軸方向から見た不釣合い量をx軸方向とy軸方向に分解して考えることにする。

　1) の条件から

$$m_1 r_1 \cos \theta_1 + m_2 r_2 \cos \theta_2 + U_A \cos \theta_A + U_B \cos \theta_B = 0 \qquad (7.19)$$

$$m_1 r_1 \sin \theta_1 + m_2 r_2 \sin \theta_2 + U_A \sin \theta_A + U_B \sin \theta_B = 0 \qquad (7.20)$$

　2) の条件から原点回りのモーメントを考えると

$$l_1 m_1 r_1 \cos \theta_1 + l_2 m_2 r_2 \cos \theta_2 + l_A U_A \cos \theta_A + l_B U_B \cos \theta_B = 0$$

$$(7.21)$$

$$l_1 m_1 r_1 \sin \theta_1 + l_2 m_2 r_2 \sin \theta_2 + l_A U_A \sin \theta_A + l_B U_B \sin \theta_B = 0$$

$$(7.22)$$

式 $(7.19) \sim (7.22)$ から U_A および U_B を求めると

$$U_A \cos \theta_A = \frac{(l_B - l_1) m_1 r_1 \cos \theta_1 + (l_B - l_2) m_2 r_2 \cos \theta_2}{l_A - l_B} \qquad (7.23)$$

$$U_A \sin \theta_A = \frac{(l_B - l_1) m_1 r_1 \sin \theta_1 + (l_B - l_2) m_2 r_2 \sin \theta_2}{l_A - l_B} \qquad (7.24)$$

$$U_B \cos \theta_B = \frac{(l_A - l_1) m_1 r_1 \cos \theta_1 + (l_A - l_2) m_2 r_2 \cos \theta_2}{l_B - l_A} \qquad (7.25)$$

$$U_B \sin \theta_B = \frac{(l_A - l_1) m_1 r_1 \sin \theta_1 + (l_A - l_2) m_2 r_2 \sin \theta_2}{l_B - l_A} \qquad (7.26)$$

したがって，修正不釣合い量およびその取付け角度はそれぞれ

$$\left.\begin{array}{l} U_A = \sqrt{(U_A \cos \theta_A)^2 + (U_A \sin \theta_A)^2} \\[2mm] \therefore \quad \theta_A = \tan^{-1}\left(\dfrac{U_A \sin \theta_A}{U_A \cos \theta_A}\right) \end{array}\right\} \qquad (7.27)$$

$$\left.\begin{array}{l} U_B = \sqrt{(U_B \cos \theta_B)^2 + (U_B \sin \theta_B)^2} \\[2mm] \therefore \quad \theta_B = \tan^{-1}\left(\dfrac{U_B \sin \theta_B}{U_B \cos \theta_B}\right) \end{array}\right\} \qquad (7.28)$$

　不釣合い量が多数ある場合には，式 $(7.19) \sim (7.22)$ に，それぞれ不釣合い量および任意の点回りの不釣合い量によるモーメントを加えればよい。

　例題 7.3　**図 7.10** に示すように，径が 200 mm の回転体において，点 O から 100 mm の位置に 100 g の不釣合い質量が，回転軸の中心から 50 mm，$\theta_1 = 0°$ の位置にあり，点 O から 200 mm の位置に 50 g の不釣合い質量が，回転軸の中心から 80 mm，$\theta_2 = 150°$ の位置にある。このとき，A 面および B 面の外周に付加質量を取り付けて釣り合わせる場合の，それぞれの質量およびその取付け位置の角度を求めよ。ただし，$l_1 = 10$ cm，$l_2 = 20$ cm，$l_A = 5$ cm，$l_B = 25$ cm とする。

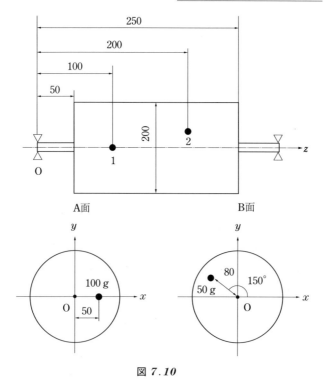

図 7.10

【解答】　$m_1 r_1 = 100 \times 5 = 500\,\text{gcm}^\dagger$, $m_2 r_2 = 50 \times 8 = 400\,\text{gcm}$, $\theta_1 = 0°$, $\theta_2 = 150°$, $l_1 = 10\,\text{cm}$, $l_2 = 20\,\text{cm}$, $l_A = 5\,\text{cm}$, $l_B = 25\,\text{cm}$ であるから

$$U_A \cos\theta_A = \frac{(25-10) \times 500 \cos 0° + (25-20) \times 400 \cos 150°}{5-25}$$

$$= -289\,\text{gcm}$$

$$U_A \sin\theta_A = \frac{(25-10) \times 500 \sin 0° + (25-20) \times 400 \sin 150°}{5-25}$$

$$= -50\,\text{gcm}$$

$$U_B \cos\theta_B = \frac{(5-10) \times 500 \cos 0° + (5-20) \times 400 \cos 150°}{25-5}$$

$$= 135\,\text{gcm}$$

---

†　不釣合い量の単位は，一般に gcm で表すことが多いので，本書でも gcm を用いた。

$$U_B \sin \theta_B = \frac{(5-10) \times 500 \sin 0° + (5-20) \times 400 \sin 150°}{25-5}$$

$$= -150 \, \text{gcm}$$

$$U_A = \sqrt{(-289)^2 + (-50)^2} = 293 \, \text{gcm}$$

$$\therefore \quad \theta_A = \tan^{-1}\left(\frac{-50}{-289}\right) = 190°$$

$$U_B = \sqrt{135^2 + (-150)^2} = 202 \, \text{gcm}$$

$$\therefore \quad \theta_B = \tan^{-1}\left(\frac{-150}{135}\right) = 312°$$

外周に付加質量を取り付けるから，半径は 10 cm である。したがって，A 面およ び B 面に取り付ける付加質量をそれぞれ m_A および m_B とすると

$$m_A = \frac{293}{10} = 29.3 \, \text{g}, \quad m_B = \frac{202}{10} = 20.2 \, \text{g}$$

角度の計算をする場合には，式（7.27）および式（7.28）の分子と分母に注意 しなければならない。分母が x 軸，分子が y 軸を表すので，この例題では，θ_A は第 3 象限（180 〜 270° のあいだ），θ_B は第 4 象限（270 〜 360° のあいだ）にある。　◇

コーヒーブレイク

危険速度の例

危険速度の例として昔から挙げられているものが，洗濯機の脱水時の振動であ る。脱水が始まると回転数に従って，徐々に洗濯機の振動が大きくなり，ある回 転数（これが危険速度である）で大きく振動し，それ以上回転数が上がると振動 が小さくなる。止まるときも危険速度で大きく振動し，さらに回転数が下がると 振動が小さくなる。

以前の洗濯機は脱水槽が別にあった（2 槽式）ため，脱水のたびに洗濯物を脱 水槽に移しかえて押さえ蓋をして，さらに脱水槽自体の蓋をしめて脱水のスイッ チを押さなければならなかった。洗濯物の入れ方が悪いと，危険速度に近づいた ときに洗濯物が飛び出してしまうこともあった。

演 習 問 題

【1】☆ 図 7.1 に示す回転体で，回転数が $1\,000$ rpm のときに回転中心の振幅が 0.1 mm であった。円板の質量が 5 kg であり，軸の剛性が $20\,000$ N/m のときの危険速度および回転中心と重心の間の距離を求めよ。

【2】☆ 図 7.4 の回転体で，円板の質量 m が 10 kg，軸の長さ l が 500 mm，軸の直径 d が 10 mm，縦弾性係数 E が 206 GPa のときの危険速度を求めよ。軸の両端は固定支持としてよいものとする。

【3】 片持ばりの先端に，質量 m の薄い円板を取り付けて回転させた場合の危険速度を求めよ。

【4】 図 7.5 において，質量 $M = 20$ kg の物体の中心から $r = 10$ mm のところに $m = 0.5$ kg の不釣合いがあり，400 rpm で回転している。ばね定数が $k = 40\,000$ N/m のときの物体の定常応答振幅を 1.5 mm 以下にするためには，減衰比をいくらにすればよいか（質量 M には不釣合いの質量 m が含まれるものとする）。

【5】 図 7.7 に示す薄い円板の中心から 20 mm のところに 10 g の不釣合いがある。この円板が 600 rpm で回転するときに発生する遠心力を求めよ。また，中心に対して反対側の 15 mm のところに釣り合わせるために取り付けるおもりの質量を求めよ。

【6】 図 7.10 に示す径が 100 mm の回転体の両方の支持端で不釣合い量を測定したところ，左側の支持端で x 軸からの角度が $120°$ のところに 20 gcm，右側の支持端で x 軸からの角度が $270°$ のところに 15 gcm の不釣合い量があった。A 面および B 面の外周に付加質量を取り付ける場合のそれぞれの質量およびその取付け位置の角度を求めよ。ただし，$l = 30$ cm，$l_\mathrm{A} = 5$ cm，$l_\mathrm{B} = 25$ cm とする。

8

振　動　の　防　止

　振動は，積極的に利用する必要がある場合を除くと，一般には止めること
が望まれる。例えば，精密な測定をする装置では，外部の振動が装置に伝わ
らないようにしなければならない。また，大形の回転機械などでは，機械の
振動が外部に伝わらないようにしなければならない。

　振動防止に対しては，振動絶縁・防振・制振・免震などの呼び方がある。
振動絶縁とは振動している物体から外部に振動が伝わらないようにすること
であり，防振とは振動自体を止めることである。また，制振とは制御理論を
用いて振動を止めることであり，免震は地震による振動を止めることに使わ
れる。ただし，これらの用語は必ずしも明確に区別されて使われているわけ
ではない。

8.1　振　動　絶　縁

簡単のために，**図 8.1** に示す 1 自由度系を考える。この図は**図 3.1** の力加
振を受けるモデルと同じである。

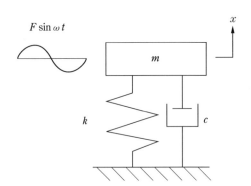

図 8.1　振 動 絶 縁

　質点の振動を機械が設置されている床などの固定端に伝えない方法を考える。固定端は，ダンパとばねによって力を受ける。その力を $p(t)$ とすると

$$p(t) = c\dot{x} + kx \tag{8.1}$$

定常振動を考えるとこの系の応答は，式 (3.14) から

$$x_s = X_s \sin (\omega t + \phi) \tag{8.2}$$

したがって，速度応答は

$$\dot{x}_s = \omega X_s \cos (\omega t + \phi) \tag{8.3}$$

式 (8.2) および式 (8.3) を式 (8.1) に代入すると

$$p(t) = c\omega X_s \cos (\omega t + \phi) + kX_s \sin (\omega t + \phi)$$

$p(t)$ の振幅を P とすると

$$P = X_s \sqrt{(c\omega)^2 + k^2}$$
$$= mX_s \sqrt{(2\zeta\omega_n\omega)^2 + \omega_n^4} \tag{8.4}$$

式 (3.15) から，入力の力の振幅は

$$F = mX_s \sqrt{(\omega_n^2 - \omega^2)^2 + (2\zeta\omega_n\omega)^2} \tag{8.5}$$

式 (8.4) と式 (8.5) の比をとると

$$\frac{P}{F} = \sqrt{\frac{(2\zeta\omega_n\omega)^2 + \omega_n^4}{(\omega_n^2 - \omega^2)^2 + (2\zeta\omega_n\omega)^2}}$$
$$= \sqrt{\frac{1 + (2\zeta\omega/\omega_n)^2}{\{1 - (\omega/\omega_n)^2\}^2 + (2\zeta\omega/\omega_n)^2}} \tag{8.6}$$

となり，変位入力を受ける 1 自由度系の応答と入力の振幅比を表す式 (3.40) と同じ式が得られる。式 (8.6) は入力として作用する力に対する固定端にかかる力の比率を表していることから**力の伝達率**（transmissibility）とも呼ばれる。

　図 8.2 に力の伝達率を示す。この図は**図 3.7** (a) と同じである。力の伝達率を小さくするためには，グラフの右端の領域の条件を満足するようにする。すなわち，減衰比を小さくし，ω/ω_n を大きくする。ω/ω_n を大きくするためには $\omega_n = \sqrt{k/m}$ を小さくする必要がある。そのためには，k（ばね定数）を小さくする。

一方，グラフの左端の領域の条件を満足するようにしても，ω と ω_n が等しい領域付近の条件よりも力の伝達率を小さくすることができる。この場合には，減衰比を大きくし，k を大きくする必要がある。

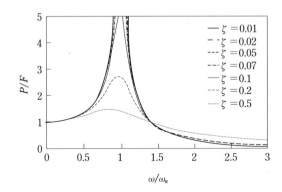

図 8.2　力の伝達率

8.2　基　礎　絶　縁

図 8.3 に示す基礎部に，$Y \sin \omega t$ で表される変位入力を受ける 1 自由度系を考える。ここで，質点は機械本体を表す。

図 8.3 は図 3.6 と同じである。この場合の運動方程式は

$$m\ddot{x} + c(\dot{x} - \dot{y}) + k(x - y) = 0 \tag{8.7}$$

となる。定常振動を考えると，式 (3.37) から応答は $x_s = X_s \sin (\omega t + \phi)$

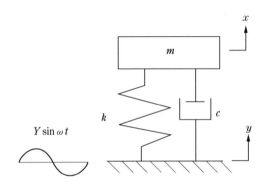

図 8.3　基礎絶縁

となり

$$\frac{X_s}{Y} = \sqrt{\frac{1 + (2\zeta\omega/\omega_n)^2}{\{1 - (\omega/\omega_n)^2\}^2 + (2\zeta\omega/\omega_n)^2}} \tag{8.8}$$

となる。グラフは図 *8.4* のようになり図 *8.2* と同様である。したがって，グラフの右端の条件では，基礎部が振動しても機械本体の振幅は小さくなる。

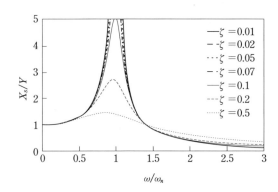

図 *8.4* 基礎絶縁

8.3 動 吸 振 器

　機械本体に別に振動するものを取り付けて，機械本体の振動を低減することができる。この，別に取り付けるものを**動吸振器**（dynamic damper）と呼び，機械本体を主振動体と呼ぶ。動吸振器には，衝突や摩擦のような非線形要素を利用したものもあるが，本書では線形系の動吸振器のみを扱う。

8.3.1 減衰のない動吸振器

　図 *8.5* に示す2自由度系の振動を考える。図の上側の質点が動吸振器，下側の質点が主振動体であり，$f(t) = F \sin \omega t$ で表される力を受けるものとする。これは，*4.3* 節のモデルと同じである。運動方程式は式（*4.39*）から

$$\left.\begin{array}{l} m_1\ddot{x}_1 + k_1 x_1 + k_2(x_1 - x_2) = F \sin \omega t \\ m_2\ddot{x}_2 + k_2(x_2 - x_1) = 0 \end{array}\right\} \tag{8.9}$$

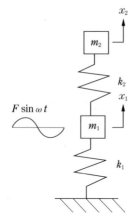

図 8.5 減衰のない動吸振器

定常振動を考えて，主振動体の振幅 X_{s1} および動吸振器の振幅 X_{s2} をそれぞれ $X_{st} = F/k_1$ で割ると，式 (4.47) から

$$\frac{X_{s1}}{X_{st}} = \frac{1 - \left(\dfrac{\omega^2}{\omega_2{}^2}\right)}{\left(1 + \dfrac{k_2}{k_1} - \dfrac{\omega^2}{\omega_1{}^2}\right)\left(1 - \dfrac{\omega^2}{\omega_2{}^2}\right) - \dfrac{k_2}{k_1}}$$

$$= \frac{1 - \left(\dfrac{\omega^2}{\omega_2{}^2}\right)}{\left(1 + \dfrac{\gamma\omega_2{}^2}{\omega_1{}^2} - \dfrac{\omega^2}{\omega_1{}^2}\right)\left(1 - \dfrac{\omega^2}{\omega_2{}^2}\right) - \dfrac{\gamma\omega_2{}^2}{\omega_1{}^2}} \qquad (8.10\ a)$$

$$\frac{X_{s2}}{X_{st}} = \frac{1}{\left(1 + \dfrac{k_2}{k_1} - \dfrac{\omega^2}{\omega_1{}^2}\right)\left(1 - \dfrac{\omega^2}{\omega_2{}^2}\right) - \dfrac{k_2}{k_1}}$$

$$= \frac{1}{\left(1 + \dfrac{\gamma\omega_2{}^2}{\omega_1{}^2} - \dfrac{\omega^2}{\omega_1{}^2}\right)\left(1 - \dfrac{\omega^2}{\omega_2{}^2}\right) - \dfrac{\gamma\omega_2{}^2}{\omega_1{}^2}} \qquad (8.10\ b)$$

ここで，$\gamma = m_2/m_1$ は，動吸振器と主振動体の質量比，$\omega_1 = \sqrt{k_1/m_1}$ および $\omega_2 = \sqrt{k_2/m_2}$ は，それぞれ主振動体および動吸振器単体の固有円振動数を表す。式 (8.10 a) の主振動体の振幅 X_{s1}/X_{st} から，$\omega = \omega_2$ のとき，すなわち動吸振器の固有振動数が入力の振動数に等しくなるようにすれば，主振動体の振幅を 0 にすることができる。実際には減衰があるので完全に 0 にすること

はできないが，このように設計すれば主振動体の振幅を小さくすることができる。

図 **8.6** に主振動体の共振曲線を示す。破線部は振幅が負になる領域であり，この領域では応答は入力に対して位相が 180° 遅れている。

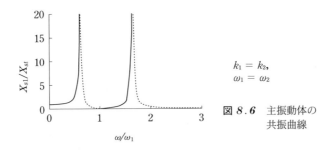

$k_1 = k_2,$
$\omega_1 = \omega_2$

図 8.6 主振動体の共振曲線

変位入力を考えた場合は **4.4** 節のモデルとなる。主振動体の振幅 X_{s1} および動吸振器の振幅 X_{s2} と入力の振幅 Y の比は，式（*4.56*）から

$$\left.\begin{array}{l}\dfrac{X_{s1}}{Y} = \dfrac{1 - \left(\dfrac{\omega^2}{\omega_2{}^2}\right)}{\left(1 + \dfrac{k_2}{k_1} - \dfrac{\omega^2}{\omega_1{}^2}\right)\left(1 - \dfrac{\omega^2}{\omega_2{}^2}\right) - \dfrac{k_2}{k_1}} \\[6mm] \dfrac{X_{s2}}{Y} = \dfrac{1}{\left(1 + \dfrac{k_2}{k_1} - \dfrac{\omega^2}{\omega_1{}^2}\right)\left(1 - \dfrac{\omega^2}{\omega_2{}^2}\right) - \dfrac{k_2}{k_1}}\end{array}\right\}\qquad(8.11)$$

となる。この式は力加振の場合と同じであり，動吸振器の固有振動数を入力の振動数と等しくなるようにすれば，主振動体の振幅を 0 にすることができる。

8.3.2 減衰のある動吸振器[†]

図 **8.7** に示すように動吸振器が減衰をもつ場合の振動を考える。主振動体が $f(t) = F \sin \omega t$ で表される力を受けるものとする。

この場合の運動方程式は，式（*4.39*）に減衰力を付加することにより

[†] **8.3.2** 項および **8.3.3** 項では，三角関数を用いると式が長くなってしまうので，ラプラス変換を用いて式の展開を行っている。式の展開を理解するためには，**10** 章のラプラス変換を学ぶ必要がある。

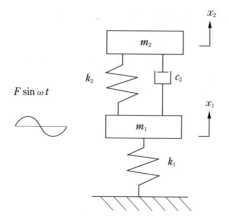

図 8.7 減衰のある動吸振器

$$m_1 \ddot{x}_1 + k_1 x_1 + c_2(\dot{x}_1 - \dot{x}_2) + k_2(x_1 - x_2) = f(t) \\ m_2 \ddot{x}_2 + c_2(\dot{x}_2 - \dot{x}_1) + k_2(x_2 - x_1) = 0 \quad\quad\quad (8.12)$$

定常振動をラプラス変換で求める。式 (8.12) をラプラス変換すると

$$(m_1 s^2 + c_2 s + k_1 + k_2) X_1(s) - (c_2 s + k_2) X_2(s) = F(s) \\ - (c_2 s + k_2) X_1(s) + (m_2 s^2 + c_2 s + k_2) X_2(s) = 0 \quad (8.13)$$

$X_1(s)$ および $X_2(s)$ はつぎのようになる。

$$X_1(s) = \frac{(m_2 s^2 + c_2 s + k_2) F(s)}{(m_1 s^2 + c_2 s + k_1 + k_2)(m_2 s^2 + c_2 s + k_2) - (c_2 s + k_2)^2} \\ X_2(s) = \frac{(c_2 s + k_2) F(s)}{(m_1 s^2 + c_2 s + k_1 + k_2)(m_2 s^2 + c_2 s + k_2) - (c_2 s + k_2)^2}$$

$$(8.14)$$

分母を展開して整理すると

$$X_1(s) = \frac{(m_2 s^2 + c_2 s + k_2) F(s)}{\{(m_1 s^2 + k_1)(m_2 s^2 + k_2) + m_2 k_2 s^2\} + c_2 s\{(m_1 + m_2) s^2 + k_1\}} \\ X_2(s) = \frac{(c_2 s + k_2) F(s)}{\{(m_1 s^2 + k_1)(m_2 s^2 + k_2) + m_2 k_2 s^2\} + c_2 s\{(m_1 + m_2) s^2 + k_1\}}$$

$$(8.15)$$

$s = i\omega$ を代入すると

$$X_1(i\omega)$$

$$= \frac{(k_2 - \omega^2 m_2 + i\omega c_2)\,F(i\omega)}{\{(k_1 - \omega^2 m_1)\,(k_2 - \omega^2 m_2) - \omega^2 m_2 k_2\} + i\omega c_2\{k_1 - \omega^2(m_1 + m_2)\}}$$

$$X_2(s)$$

$$= \frac{(i\omega c_2 + k_2)\,F(i\omega)}{\{(k_1 - \omega^2 m_1)\,(k_2 - \omega^2 m_2) - \omega^2 m_2 k_2\} + i\omega c_2\{k_1 - \omega^2(m_1 + m_2)\}}$$

$$(8.16)$$

分母および分子を $m_1 m_2$ で割って整理すると

$$X_1(i\omega)$$

$$= \frac{\omega_1^2(\omega_2^2 - \omega^2 + 2\zeta_2\omega_2 i\omega)\,F(i\omega)/k_1}{\{(\omega_1^2 - \omega^2)\,(\omega_2^2 - \omega^2) - \omega^2\gamma\omega_2^2\} + 2\zeta_2\omega_2 i\omega\{\omega_1^2 - \omega^2(1+\gamma)\}}$$

$$X_2(i\omega)$$

$$= \frac{\omega_1^2(2\zeta_2\omega_2 i\omega + \omega_2^2)\,F(i\omega)/k_1}{\{(\omega_1^2 - \omega^2)\,(\omega_2^2 - \omega^2) - \omega^2\gamma\omega_2^2\} + 2\zeta_2\omega_2 i\omega\{\omega_1^2 - \omega^2(1+\gamma)\}}$$

$$(8.17)$$

さらに，分子および分母を ω_1^4 で割ると

$$X_1(i\omega) = \frac{(\nu^2 - p^2 + 2\zeta_2\nu p i)\,F(i\omega)/k_1}{\{(1 - p^2)\,(\nu^2 - p^2) - p^2\gamma\nu^2\} + 2\zeta_2\nu p i\{1 - p^2(1+\gamma)\}}$$

$$X_2(i\omega) = \frac{(2\zeta_2\nu p i + \nu^2)\,F(i\omega)/k_1}{\{(1 - p^2)\,(\nu^2 - p^2) - p^2\gamma\nu^2\} + 2\zeta_2\nu p i\{1 - p^2(1+\gamma)\}}$$

$$(8.18)$$

ここで，$\nu = \omega_2/\omega_1$，$p = \omega/\omega_1$ である。

主振動体の振幅を X_1 とし，入力の振幅を F_0 とする。$X_{st} = F_0/k_1$ とすると

$$\left(\frac{X_1}{X_{st}}\right)^2 = \frac{(\nu^2 - p^2)^2 + 4\zeta_2^2\nu^2 p^2}{\{(1 - p^2)\,(\nu^2 - p^2) - p^2\gamma\nu^2\}^2 + 4\zeta_2^2\nu^2 p^2\{1 - p^2(1+\gamma)\}^2}$$

$$(8.19)$$

動吸振器の減衰比 ζ_2 を変化させた場合の主振動体の共振曲線を図 8.8 に示す。このように，共振曲線は，減衰比が変化しても必ず点Pおよび点Qを通る。ζ_2 が無限大のときに，式 (8.19) から

$$\frac{X_1}{X_{st}} = \frac{1}{1 - p^2(1+\gamma)} \qquad (\zeta_2 \to \infty) \qquad (8.20)$$

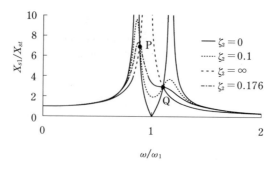

(a) $\gamma = 0.1,\ \omega_1 = \omega_2$

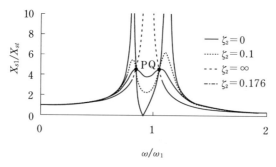

(b) $\gamma = 0.1,\ \omega_2 / \omega_1 = 0.91$

図 8.8 動吸振器を用いた場合の主振動体の共振曲線

$\zeta_2 = 0$ のとき

$$\frac{X_1}{X_{st}} = \frac{\nu^2 - p^2}{(1 - p^2)(\nu^2 - p^2) - p^2 \gamma \nu^2} \qquad (\zeta_2 = 0) \tag{8.21}$$

ζ_2 の値に関わらず，共振曲線は点 P および点 Q を通る。$8.3.1$ 項から，点 P では $\zeta_2 = 0$ の場合の振幅は負であり，$\zeta_2 \to \infty$ の場合の振幅は正である。

一方，点 Q では $\zeta_2 = 0$ の場合の振幅は正であり，$\zeta_2 \to \infty$ の場合の振幅は負である。したがって，点 P と点 Q では $\zeta_2 = 0$ の場合の振幅と $\zeta_2 \to \infty$ の場合の振幅は符号が異なる。このことを考慮して式 (8.20) および (8.21) から

$$\frac{1}{1 - p^2(1 + \gamma)} = \frac{-(\nu^2 - p^2)}{(1 - p^2)(\nu^2 - p^2) - p^2 \gamma \nu^2} \tag{8.22}$$

この式を p^2 について解くと，点 P と点 Q における入力の振動数と主振動体の固有振動数の比が求まる。式 (8.22) を整理すると

$$(2 + \gamma)p^4 - 2\{1 + (1 + \gamma)\nu^2\}p^2 + 2\nu^2 = 0 \tag{8.23}$$

であるから

$$p^2 = \frac{1 + (1 + \gamma)\nu^2 \mp \sqrt{\{1 + (1 + \gamma)\nu^2\}^2 - 2\nu^2(2 + \gamma)}}{2 + \gamma} \tag{8.24}$$

式 (8.24) の小さいほうの根を $p_1{}^2$，大きいほうの根を $p_2{}^2$ とすると，式 (8.20) を用いて，点 P での振幅倍率は

$$\frac{X_1}{X_{st}} = \frac{1}{1 - p_1{}^2(1 + \gamma)} \tag{8.25}$$

点 Q の振幅倍率は，符号が逆になることから

$$\frac{X_1}{X_{st}} = \frac{-1}{1 - p_2{}^2(1 + \gamma)} \tag{8.26}$$

　主振動体の振幅を広い周波数範囲にわたって低くするためには，点 P と点 Q の振幅倍率を等しくするとよい。このとき，式 (8.25) と式 (8.26) は等しくなるから

$$\frac{1}{1 - p_1{}^2(1 + \gamma)} = \frac{-1}{1 - p_2{}^2(1 + \gamma)} \tag{8.27}$$

式 (8.27) から

$$p_1{}^2 + p_2{}^2 = \frac{2}{1 + \gamma} \tag{8.28}$$

一方，式 (8.24) から

$$p_1{}^2 + p_2{}^2 = \frac{2\{1 + (1 + \gamma)\nu^2\}}{2 + \gamma} \tag{8.29}$$

式 (8.28) および式 (8.29) から

$$\frac{2}{1 + \gamma} = \frac{2\{1 + (1 + \gamma)\nu^2\}}{2 + \gamma} \tag{8.30}$$

式 (8.30) を満たす ν を最適固有振動数比として ν_{opt} とおくと

$$\nu_{opt} = \frac{1}{1 + \gamma} \tag{8.31}$$

ν_{opt} を式 (8.24) に代入し，整理すると

$$p_1{}^2 = \frac{1 - \sqrt{\gamma/(\gamma + 2)}}{1 + \gamma}, \quad p_2{}^2 = \frac{1 + \sqrt{\gamma/(\gamma + 2)}}{1 + \gamma} \tag{8.32}$$

式 (8.32) を式 (8.25) および式 (8.26) に代入すると，点Pおよび点Q
の振幅倍率はいずれも

$$\frac{X_1}{X_{st}} = \sqrt{1 + \frac{2}{\gamma}} \tag{8.33}$$

さらに，広い周波数範囲にわたって主振動体の振幅を低くするためには，点P
および点Qで共振曲線が上に凸形となるピーク（極大値）をもつように動吸
振器の減衰比 ζ_2 を調節する。点Pで共振曲線が上に凸形となるピークをもつ
場合の $\zeta_2{}^2$ は

$$\zeta_2{}^2 = \frac{\gamma}{8(1 + \gamma)^3}\left(3 - \sqrt{\frac{\gamma}{\gamma + 2}}\right) \tag{8.34}$$

点Qで共振曲線が上に凸形となるピークをもつ場合の $\zeta_2{}^2$ は

$$\zeta_2{}^2 = \frac{\gamma}{8(1 + \gamma)^3}\left(3 + \sqrt{\frac{\gamma}{\gamma + 2}}\right) \tag{8.35}$$

したがって，点Pと点Qで同時に凸形となるピークをもつ ζ_2 を求めることは
できない。そのため，この平均を最適減衰比 ζ_{opt} とする。ζ_{opt} は

$$\zeta_{opt} = \sqrt{\frac{3\gamma}{8(1 + \gamma)^3}} \tag{8.36}$$

図 8.8 (b) に最適減衰比 ζ_{opt} をもち，式 (8.31) で求まる最適固有振動
数比 ν_{opt} をもつ動吸振器を取り付けた場合の主振動体の共振曲線を示す。点P
と点Qの振幅が等しくなっている。

8.3.3 フードダンパ

図 8.9 に示すように減衰要素のみをもつ動吸振器をフードダンパと呼ぶ。

主振動体が $f(t) = F \sin \omega t$ で表される力を受けるものとする。この場合の
運動方程式は式 (8.12) で $k_2 = 0$ とおくと

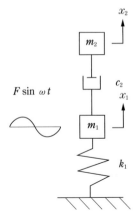

図 8.9 フードダンパ

$$m_1\ddot{x}_1 + k_1 x_1 + c_2(\dot{x}_1 - \dot{x}_2) = f(t) \left.\right\} \quad (8.37)$$
$$m_2\ddot{x}_2 + c_2(\dot{x}_2 - \dot{x}_1) = 0 \hspace{2.2cm}$$

定常振動をラプラス変換で求める。式（8.37）をラプラス変換すると

$$(m_1 s^2 + c_2 s + k_1)\,X_1(s) - c_2 s X_2(s) = F(s) \left.\right\} \quad (8.38)$$
$$- c_2 s X_1(s) + (m_2 s^2 + c_2 s)\,X_2(s) = 0 \hspace{1.4cm}$$

$X_1(s)$ および $X_2(s)$ はつぎのようになる。

$$X_1(s) = \frac{(m_2 s^2 + c_2 s)\,F(s)}{(m_1 s^2 + c_2 s + k_1)(m_2 s^2 + c_2 s) - (c_2 s)^2} \left.\right\}$$
$$X_2(s) = \frac{(c_2 s)\,F(s)}{(m_1 s^2 + c_2 s + k_1)(m_2 s^2 + c_2 s) - (c_2 s)^2} \quad (8.39)$$

分母を展開して整理すると

$$X_1(s) = \frac{(m_2 s^2 + c_2 s)\,F(s)}{\{(m_1 s^2 + k_1)\,m_2 s^2\} + c_2 s\{(m_1 + m_2)\,s^2 + k_1\}} \left.\right\}$$
$$X_2(s) = \frac{c_2 s F(s)}{\{(m_1 s^2 + k_1)\,m_2 s^2\} + c_2 s\{(m_1 + m_2)\,s^2 + k_1\}} \quad (8.40)$$

$s = i\omega$ を代入すると

$$X_1(i\omega) = \frac{(-\omega^2 m_2 + i\omega c_2)\,F(i\omega)}{\{(k_1 - \omega^2 m_1)(-\omega^2 m_2)\} + i\omega c_2\{k_1 - \omega^2(m_1 + m_2)\}} \left.\right\}$$
$$X_2(i\omega) = \frac{i\omega c_2 F(i\omega)}{\{(k_1 - \omega^2 m_1)(-\omega^2 m_2)\} + i\omega c_2\{k_1 - \omega^2(m_1 + m_2)\}}$$

$$(8.41)$$

分母および分子を $m_1 m_2$ で割って整理すると

$$\left.\begin{array}{l} X_1(i\omega) = \dfrac{\omega_1{}^2(-\omega^2 + 2\zeta_2\omega_1 i\omega)\,F(i\omega)/k_1}{\{(\omega_1{}^2 - \omega^2)(-\omega^2)\} + 2\zeta_2\omega_1 i\omega\{\omega_1{}^2 - \omega^2(1+\gamma)\}} \\[3mm] X_2(i\omega) = \dfrac{\omega_1{}^2(2\zeta_2\omega_1 i\omega)\,F(i\omega)/k_1}{\{(\omega_1{}^2 - \omega^2)(-\omega^2)\} + 2\zeta_2\omega_1 i\omega\{\omega_1{}^2 - \omega^2(1+\gamma)\}} \end{array}\right\}$$

$$(8.42)$$

ここで，$\zeta_2 = c_2/2\sqrt{m_1 k_1 \gamma}$ である。さらに，分子および分母を $\omega_1{}^4$ で割ると

$$\left.\begin{array}{l} X_1(i\omega) = \dfrac{(2\zeta_2 pi - p^2)\,F(i\omega)/k_1}{\{(1-p^2)(-p^2)\} + 2\zeta_2 pi\{1 - p^2(1+\gamma)\}} \\[3mm] X_2(i\omega) = \dfrac{(2\zeta_2 pi)\,F(i\omega)/k_1}{\{(1-p^2)(-p^2)\} + 2\zeta_2 pi\{1 - p^2(1+\gamma)\}} \end{array}\right\}$$

$$(8.43)$$

ここで，$p = \omega/\omega_1$ である。

主振動体の振幅を X_1 とし，入力の振幅を F_0 とする。$X_{st} = F_0/k_1$ とし，分母と分子を p^2 で割ると

$$\left(\frac{X_1}{X_{st}}\right)^2 = \frac{p^2 + 4\zeta_2{}^2}{\{(1-p^2)p\}^2 + 4\zeta_2{}^2\{1 - p^2(1+\gamma)\}^2} \tag{8.44}$$

フードダンパの減衰比 ζ_2 を変化させた場合の主振動体の共振曲線を**図 8.10** に示す。このように，共振曲線は減衰比が変化しても必ず 点 P を通る。ζ_2 が無限大のときに，式 (8.44) から

$$\frac{X_1}{X_{st}} = \frac{1}{1 - p^2(1+\gamma)} \qquad (\zeta_2 \to \infty) \tag{8.45}$$

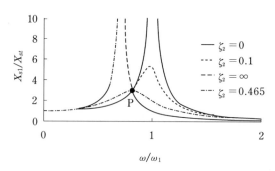

図 8.10 フードダンパを用いた場合の主振動体の
共振曲線（$\gamma = 1$）

$\zeta_2 = 0$ のときに

$$\frac{X_1}{X_{st}} = \frac{1}{1 - p^2} \qquad (\zeta_2 = 0) \tag{8.46}$$

となる。**8.3.1**項から，点Pで$\zeta_2 = 0$の場合の振幅は正であり，$\zeta_2 \to \infty$の場合の振幅は負である。したがって，点Pでは$\zeta_2 = 0$の場合の振幅と $\zeta_2 \to \infty$の場合の振幅は符号が異なる。このことを考慮して式（*8.45*）および（*8.46*）から

$$\frac{1}{1 - p^2} = \frac{-1}{1 - p^2(1 + \gamma)} \tag{8.47}$$

この式をp^2について解くと，点Pにおける入力の振動数と主振動体の固有振動数の比が求まる。式（*8.47*）を整理すると

$$p^2(2 + \gamma) = 2 \tag{8.48}$$

であるから

$$p^2 = \frac{2}{2 + \gamma} \tag{8.49}$$

式（*8.49*）を式（*8.46*）に代入すると，点Pでの振幅倍率は

$$\frac{X_1}{X_{st}} = \frac{2 + \gamma}{\gamma} \tag{8.50}$$

> **コーヒーブレイク**
>
> **振動防止と動吸振器の種類**
>
> 　この章では**3**章と**4**章で学んだ共振曲線を，別の観点から見てきたことになる。共振曲線では，固有振動数付近で振幅が大きくなることに注目してしまうが，逆にどのようにすれば振動を小さくできるかという情報も含んでいる。2自由度系の振動は，減衰を考慮するとかなり複雑になることも理解することができたと思う。
>
> 　動吸振器には，内部に油を使うものや，水や粉流体を使うものがある。また，衝撃や摩擦を利用することにより振動を防止するものや，塑性変形が生じると，振動エネルギーが吸収される性質を利用して，本体に影響のない部分を弱くしておき，その部分を塑性変形させて振動を防止する方法などもある。

主振動体の振幅を広い周波数範囲にわたって低くするためには，共振曲線が点 P で最大となるようにするとよい。その場合の最適減衰比 ζ_{opt} は

$$\zeta_{opt} = \sqrt{\frac{1}{2(2+\gamma)(1+\gamma)}} \tag{8.51}$$

演 習 問 題

【1】☆ 減衰比 $\zeta = 0.05$，固有振動数 $f_n = 5\,\mathrm{Hz}$ の 1 自由度系に力の振幅 $F = 150$ N，振動数10Hzの入力が加わるときに，固定端に伝わる振動の振幅を求めよ。

【2】 $10\,\mathrm{Hz}$ の入力を受ける 1 自由度系の力の伝達率を 0.5 以下としたい。減衰比が 0 であるとして，質量 m が $100\,\mathrm{kg}$ である場合に，ばね定数 k の値をいくらにすればよいか。

【3】 入力の振動数が $10\,\mathrm{Hz}$ であり，減衰比が 0.01 である 1 自由度系の定常振動応答と入力の振幅比を 2 以下としたい。固有振動数の範囲をいくらにすればよいか。また，0.5 以下としたい場合はどうか。

【4】☆ 図 8.5 に示す減衰のない動吸振動器で $\sqrt{k_1/m_1} = \sqrt{k_2/m_2}$，すなわち $\omega_1 = \omega_2$ であり，$m_2/m_1 = \gamma = 0.1$ であるとする。入力の円振動数を ω とするとき，つぎの条件におけるの定常振動の振幅倍率を求めよ。
  （1）$\omega/\omega_1 = 0.95$
  （2）$\omega/\omega_1 = 1.00$
  （3）$\omega/\omega_2 = 1.05$

【5】 図 8.7 に示した減衰のある動吸振器と主振動体の質量比が 0.15 のとき，最適な動吸振器と主振動体の固有振動数比，および最適な動吸振器の減衰比を求めよ。

【6】☆ 【5】の条件のとき，点 P および点 Q における入力の振動数と主振動体の固有振動数の比および主振動体の振幅倍率を求めよ。

【7】 図 8.9 に示したフードダンパと主振動体の質量比が 0.9 のとき，最適な減衰比を求めよ。

【8】☆ 【7】の条件のとき，点 P および点 Q における入力の振動数と主振動体の固有振動数の比および主振動体の振幅倍率を求めよ。

9

複素数による振動計算

これまでに述べてきた振動計算では，三角関数を用いた。この章では，**2～4**章までの振動問題を複素数を用いて求める方法を示す。

9.1 複素数の基礎

9.1.1 複素数とは

よく知られているように，つぎの2次方程式

$$x^2 + 2x + 5 = 0 \tag{9.1}$$

の解は

$$x = -1 \pm \sqrt{-4} = -1 \pm 2i \tag{9.2}$$

となる。ここで，$\sqrt{-1} = i$である。このようなiを含む数を**複素数**（complex number）と呼ぶ。iの付いていない数字（ここでは-1）をxの**実数部**（real part）と呼び

$$\mathrm{Re}(x) = -1 \tag{9.3}$$

と書く。iの付いている数字（ここでは± 2）をxの**虚数部**（imaginary part）と呼び

$$\mathrm{Im}(x) = \pm 2 \tag{9.4}$$

と書く。

9.1.2 複素数の表し方

複素数にはいくつかの表し方があり，それぞれが関連しているものである。

複素数として

$$z = a + bi \tag{9.5}$$

で表される複素数 z を考える。この場合，$\mathrm{Re}(z) = a$，$\mathrm{Im}(z) = b$ である。ここでは，複素平面および極形式について述べる。

　図 **9.1** に示すように横軸に実数部，縦軸に虚数部をとって，この平面上の点 C で複素数を表すことを考える。この平面を**複素平面**（complex number plane）または**ガウス平面**（Gaussian plane）と呼ぶ。複素数を表す点 C と原点 O との距離を**絶対値**（absolute value）と呼ぶ。

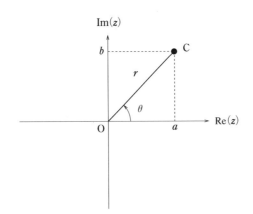

図 9.1　複素平面および
極形式

　絶対値は $|z|$ で表され

$$|z| = \sqrt{a^2 + b^2} \tag{9.6}$$

である。OC と横軸（実数軸）が正の部分となす角度（反時計回りの角度を正，時計回りの角度を負とする）を**偏角**（argument）と呼ぶ。偏角は $\arg(z)$ で表され

$$\arg(z) = \tan^{-1}\left(\frac{b}{a}\right) \tag{9.7}$$

である。複素数を絶対値と偏角を用いて表すと

$$z = a + bi$$
$$= \sqrt{a^2 + b^2}\left(\frac{a}{\sqrt{a^2 + b^2}} + \frac{b}{\sqrt{a^2 + b^2}}\,i\right)$$

$$= r(\cos \theta + i \sin \theta) \tag{9.8}$$

ここで，$r = |z|$ および $\theta = \arg(z)$ であり，それぞれ絶対値および偏角である。式（9.8）のような複素数の表し方を極形式と呼ぶ。

例題 9.1 つぎの複素数を複素平面上に示し，それぞれの絶対値と偏角を求めよ。

（1） $z = -2 + 2i$

（2） $z = 3 - 3\sqrt{3}\,i$

【解答】（1）図 **9.2**（*a*）に複素平面上の点を示す。また，絶対値と偏角は

$$|z| = \sqrt{a^2 + b^2} = \sqrt{(-2)^2 + 2^2} = 2\sqrt{2}$$

$$\arg(z) = \tan^{-1}\left(\frac{2}{-2}\right) = \frac{3}{4}\pi$$

となる。

（2）図 **9.2**（*b*）に複素平面上の点を示す。また，絶対値と偏角は

$$|z| = \sqrt{a^2 + b^2} = \sqrt{3^2 + (-3\sqrt{3})^2} = 6$$

$$\arg(z) = \tan^{-1}\left(\frac{-3\sqrt{3}}{3}\right) = \frac{5}{3}\pi$$

となる。$5\pi/3$ の代わりに $-\pi/3$ としてもよい。また，偏角を求める場合には実数部

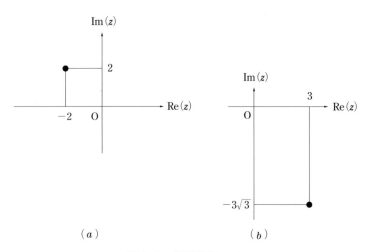

（*a*）   （*b*）

図 **9.2** 複素平面上の点

と虚数部の符号に注意しなければならない。　　　　　　　　　　　　　◇

9.1.3　複素数の計算

複素数に対しても四則演算が成り立つ。

二つの複素数 $z = a + bi$ と $w = c + di$ についてつぎのようになる。

$$z + w = (a + bi) + (c + di) = (a + c) + (b + d)i \qquad (9.9)$$

$$z - w = (a + bi) - (c + di) = (a - c) + (b - d)i \qquad (9.10)$$

$$zw = (a + bi)(c + di) = ac + adi + bci + bdi^2$$

$$= (ac - bd) + (ad + bc)i \qquad (9.11)$$

$$\frac{z}{w} = \frac{a + bi}{c + di} = \frac{(a + bi)(c - di)}{(c + di)(c - di)}$$

$$= \frac{ac - adi + bci - bdi^2}{c^2 - d^2 i^2} = \frac{(ac + bd) + (bc - ad)i}{c^2 + d^2}$$

$$(9.12)$$

例題 9.2　$z = 3 - 2i$ および $w = -2 + 3i$ のとき，z と w の和，差，積，商を求めよ。

【解答】　和は，式 (9.9) から

$$z + w = (3 - 2i) + (-2 + 3i) = (3 - 2) + (-2 + 3)i = 1 + i$$

差は，式 (9.10) から

$$z - w = (3 - 2i) - (-2 + 3i) = \{3 - (-2)\} + (-2 - 3)i = 5 - 5i$$

積は，式 (9.11) から

$$zw = (3 - 2i)(-2 + 3i) = \{-6 - (-6)\} + (9 + 4)i = 13i$$

商は，式 (9.12) から

$$\frac{z}{w} = \frac{3 - 2i}{-2 + 3i} = \frac{\{-6 + (-6)\} + (4 - 9)i}{4 + 9} = \frac{-12 - 5i}{13} \qquad ◇$$

例題 9.2 の解で和は $1 + 1i$ となるが，通常，i の係数が 1 の場合には 1 を省略する。また，積は $0 + 13i$ であるが，実数部が 0 の場合は 0 を省略する。このような虚数部だけで表される複素数を**純虚数**（purely　imaginary　number）と呼ぶ。

式 (9.12) の除算で分母が実数になるように虚数部の符号が異なる複素数を乗じた。このような虚数部の符号が異なる複素数を**共役複素数** (complex conjugate) と呼び，$\bar{z}$ のように書く。$z = a + bi$ の共役複素数は $\bar{z} = a - bi$ である。また

$$z + \bar{z} = a + bi + a - bi = 2a$$

$$a = \frac{z + \bar{z}}{2} \tag{9.13}$$

$$z - \bar{z} = a + bi - (a - bi) = 2bi$$

$$b = \frac{z - \bar{z}}{2i} \tag{9.14}$$

$$z\bar{z} = a^2 + b^2 \tag{9.15}$$

二つの複素数 z および w をつぎのように極形式で表した場合の乗算と除算について考える。

$$z = a + bi = r(\cos\theta + i\sin\theta)$$

$$w = c + di = p(\cos\phi + i\sin\phi)$$

乗算は

$$\begin{aligned}
zw &= r(\cos\theta + i\sin\theta)p(\cos\phi + i\sin\phi) \\
&= rp(\cos\theta\cos\phi + i\cos\theta\sin\phi + i\sin\theta\cos\phi + i^2\sin\theta\sin\phi) \\
&= rp\{(\cos\theta\cos\phi - \sin\theta\sin\phi) + i(\sin\theta\cos\phi + \cos\theta\sin\phi)\} \\
&= rp\{\cos(\theta + \phi) + i\sin(\theta + \phi)\} \tag{9.16}
\end{aligned}$$

除算は

$$\begin{aligned}
\frac{z}{w} &= \frac{r(\cos\theta + i\sin\theta)}{p(\cos\phi + i\sin\phi)} \\
&= \frac{r(\cos\theta + i\sin\theta)(\cos\phi - i\sin\phi)}{p(\cos\phi + i\sin\phi)(\cos\phi - i\sin\phi)} \\
&= \frac{r(\cos\theta\cos\phi - i\cos\theta\sin\phi + i\sin\theta\cos\phi - i^2\sin\theta\sin\phi)}{p(\cos^2\phi + \sin^2\phi)} \\
&= \frac{r\{(\cos\theta\cos\phi + \sin\theta\sin\phi) + i(\sin\theta\cos\phi - \cos\theta\sin\phi)\}}{p}
\end{aligned}$$

$$= \frac{r}{p}\{\cos(\theta - \phi) + i\sin(\theta - \phi)\} \qquad (9.17)$$

このように，乗算では絶対値は二つの複素数の絶対値の積，偏角は二つの複素数の偏角の和，除算では絶対値は二つの複素数の絶対値の除算，偏角は二つの複素数の偏角の差となる。

例題 9.3　つぎの二つの複素数，z と w の積（zw）および商（z/w）を求めよ。

$$z = 4\left(\cos\frac{\pi}{3} + i\sin\frac{\pi}{3}\right)$$

$$w = 2\left(\cos\frac{\pi}{6} + i\sin\frac{\pi}{6}\right)$$

【解答】　積は，式（9.16）から

$$zw = 4 \times 2\left\{\cos\left(\frac{\pi}{3} + \frac{\pi}{6}\right) + i\sin\left(\frac{\pi}{3} + \frac{\pi}{6}\right)\right\}$$

$$= 8\left(\cos\frac{\pi}{2} + i\sin\frac{\pi}{2}\right) = 8i$$

商は，式（9.17）から

$$\frac{z}{w} = \frac{4}{2}\left\{\cos\left(\frac{\pi}{3} - \frac{\pi}{6}\right) + i\sin\left(\frac{\pi}{3} - \frac{\pi}{6}\right)\right\}$$

$$= 2\left(\cos\frac{\pi}{6} + i\sin\frac{\pi}{6}\right) = \sqrt{3} + i \qquad\qquad ◇$$

9.1.4　オイラーの公式

つぎの公式を**オイラーの公式**（Euler's formula）と呼ぶ。

$$e^{ix} = \cos x + i\sin x \qquad (9.18)$$

$$e^{-ix} = \cos x - i\sin x \qquad (9.19)$$

これらの式は，両辺をテイラー展開することによって証明できる。例えば，式（9.8）のように極形式で表された複素数は，オイラーの公式を使うとつぎのように表される。

$$z = r(\cos\theta + i\sin\theta) = re^{i\theta} \qquad (9.20)$$

9.1.5 特殊な場合の絶対値と偏角の求め方

分数の絶対値と偏角の求め方について述べる。

（1） 分数の絶対値は，式（9.12）から

$$\frac{z}{w} = \frac{a + bi}{c + di} = \frac{(ac + bd) + (bc - ad)i}{c^2 + d^2}$$

したがって

$$\left| \frac{z}{w} \right| = \sqrt{\frac{(ac + bd)^2 + (bc - ad)^2}{(c^2 + d^2)^2}}$$

$$= \sqrt{\frac{(ac)^2 + 2acbd + (bd)^2 + (bc)^2 - 2bcad + (ad)^2}{(c^2 + d^2)^2}}$$

$$= \sqrt{\frac{(a^2 + b^2)(c^2 + d^2)}{(c^2 + d^2)^2}}$$

$$= \frac{\sqrt{a^2 + b^2}}{\sqrt{c^2 + d^2}} \tag{9.21}$$

このように，分数の絶対値は分子と分母のそれぞれの絶対値を求めればよい。また，偏角は

$$\arg\left(\frac{z}{w} \right) = \tan^{-1}\frac{(bc - ad)(c^2 + d^2)}{(c^2 + d^2)(ac + bd)} = \tan^{-1}\left(\frac{bc - ad}{ac + bd} \right) \tag{9.22}$$

（2） 分数で分母のみが複素数の場合の絶対値と偏角はつぎのように求めることができる。

$$z = \frac{c}{a + bi} = \frac{c(a - bi)}{(a + bi)(a - bi)} = \frac{ac - bci}{a^2 + b^2}$$

したがって，絶対値は

$$|z| = \sqrt{\frac{(ac)^2 + (bc)^2}{(a^2 + b^2)^2}} = \sqrt{\frac{c^2(a^2 + b^2)}{(a^2 + b^2)^2}}$$

$$= \frac{c}{\sqrt{a^2 + b^2}} \tag{9.23}$$

偏角は

$$\arg(z) = \tan^{-1}\left\{ \frac{-bc(a^2 + b^2)}{(a^2 + b^2)ac} \right\} = \tan^{-1}\left(\frac{-b}{a} \right) \tag{9.24}$$

このように，分母のみが複素数の場合には，絶対値は分子と分母のそれぞれ

の絶対値を求めればよい。偏角は分母の複素数の偏角にマイナスを付ければよい。

9.2　複素数を用いた1自由度系の振動の解法

9.2.1　減衰のない1自由度系

図2.1に示す減衰のない1自由度系の運動方程式は

$$\ddot{x} + \omega_n^2 x = 0 \tag{2.5}$$

この式で $x = e^{\lambda t}$ とおくと，$\dot{x} = \lambda e^{\lambda t}$ であり，$\ddot{x} = \lambda^2 e^{\lambda t}$ となる。これらを式 (2.5) に代入すると

$$\lambda^2 e^{\lambda t} + \omega_n^2 e^{\lambda t} = (\lambda^2 + \omega_n^2) e^{\lambda t} = 0 \tag{9.25}$$

両辺を $e^{\lambda t}$ で割ると

$$\lambda^2 + \omega_n^2 = 0 \tag{9.26}$$

式 (9.26) を**特性方程式** (characteristic equation) と呼ぶ。λ について解くと，つぎの二つの根が得られる。

$$\lambda_1 = \omega_n i, \quad \lambda_2 = -\omega_n i$$

これらを特性根と呼ぶ。式 (2.5) の解は次式のようになる。

$$x = D_1 e^{\lambda_1 t} + D_2 e^{\lambda_2 t}$$
$$= D_1 e^{\omega_n i t} + D_2 e^{-\omega_n i t} \tag{9.27}$$

オイラーの公式，式 (9.18) および式 (9.19) から式 (9.27) は

$$x = D_1(\cos \omega_n t + i \sin \omega_n t) + D_2(\cos \omega_n t - i \sin \omega_n t) \tag{9.28}$$

解である x は実数であるから，D_1 と D_2 は共役複素数でなければならない。したがって

$$\left.\begin{array}{l} D_1 = B_1 + B_2 i \\ D_2 = B_1 - B_2 i \end{array}\right\} \tag{9.29}$$

とおいて式 (9.27) に代入すると

$$x = (B_1 + B_2 i)(\cos \omega_n t + i \sin \omega_n t) + (B_1 - B_2 i)(\cos \omega_n t - i \sin \omega_n t)$$
$$= B_1 \cos \omega_n t + B_1 i \sin \omega_n t + B_2 i \cos \omega_n t - B_2 \sin \omega_n t$$

$$+ B_1 \cos \omega_n t - B_1 i \sin \omega_n t - B_2 i \cos \omega_n t - B_2 \sin \omega_n t$$

$$= 2B_1 \cos \omega_n t - 2B_2 \sin \omega_n t$$

ここで，$C_1 = 2B_1$，$C_2 = -2B_2$ とおくと

$$x = C_1 \cos \omega_n t + C_2 \sin \omega_n t \tag{9.30}$$

となり，式 (2.9) と一致する。$t = 0$ での初期条件で $x = x_0$ および $x = v_0$ であるとすると，式 (2.14) が得られる。

9.2.2 減衰のある 1 自由度系

図 $2.9 (b)$ に示す，減衰がある 1 自由度系の運動方程式は

$$\ddot{x} + 2\zeta\omega_n\dot{x} + \omega_n^2 x = 0 \tag{2.47}$$

この式で $x = e^{\lambda t}$ とおくと，$\dot{x} = \lambda e^{\lambda t}$ であり，$\ddot{x} = \lambda^2 e^{\lambda t}$ となる。これらを式 (2.47) に代入すると

$$\lambda^2 e^{\lambda t} + 2\zeta\omega_n\lambda e^{\lambda t} + \omega_n^2 e^{\lambda t} = (\lambda^2 + 2\zeta\omega_n\lambda + \omega_n^2) e^{\lambda t} = 0 \tag{9.31}$$

両辺を $e^{\lambda t}$ で割ると，つぎの特性方程式が得られる。

$$\lambda^2 + 2\zeta\omega_n\lambda + \omega_n^2 = 0 \tag{9.32}$$

λ について解くと，つぎの二つの根が得られる。

$$\lambda_1 = -\zeta\omega_n + \sqrt{\zeta^2 - 1}\,\omega_n, \quad \lambda_2 = -\zeta\omega_n - \sqrt{\zeta^2 - 1}\,\omega_n$$

λ_1 と λ_2 が異なる場合には式 (2.47) の解は次式のようになる。

$$x = D_1 e^{\lambda_1 t} + D_2 e^{\lambda_2 t} \tag{9.33}$$

$\zeta > 1$ のときには

$$x = D_1 e^{(-\zeta\omega_n + \sqrt{\zeta^2 - 1}\,\omega_n)t} + D_2 e^{(-\zeta\omega_n - \sqrt{\zeta^2 - 1}\,\omega_n)t} \tag{9.34}$$

となり，過減衰の式 (2.50) となる。$\zeta = 1$ のときには $\lambda = \lambda_1 = \lambda_2 = -\zeta\omega_n$ であり，式 (2.47) の解は

$$x = (D_1 + D_2 t) e^{\lambda t} \tag{9.35}$$

となり，臨界減衰の式 (2.51) となる。

$\zeta < 1$ のときには，根は複素数となり，つぎのようになる。

$$\lambda_1 = -\zeta\omega_n + \sqrt{1 - \zeta^2}\,\omega_n i, \quad \lambda_2 = -\zeta\omega_n - \sqrt{1 - \zeta^2}\,\omega_n i$$

したがって，式 (2.47) の解は

$$x = D_1 e^{(-\zeta\omega_n + \sqrt{1-\zeta^2}\omega_n i)t} + D_2 e^{(-\zeta\omega_n - \sqrt{1-\zeta^2}\omega_n i)t} \qquad (9.36)$$

オイラーの公式，式 (9.18) および式 (9.19) から式 (9.36) は

$$x = e^{-\zeta\omega_n t}\{D_1(\cos\sqrt{1-\zeta^2}\omega_n t + i\sin\sqrt{1-\zeta^2}\omega_n t)$$
$$+ D_2(\cos\sqrt{1-\zeta^2}\omega_n t - i\sin\sqrt{1-\zeta^2}\omega_n t)\} \qquad (9.37)$$

となる。解である x は実数であるから，D_1 と D_2 は共役複素数でなければならない。したがって

$$\left.\begin{array}{l} D_1 = B_1 + B_2 i \\ D_2 = B_1 - B_2 i \end{array}\right\} \qquad (9.38)$$

とおいて式 (9.37) に代入すると

$$x = e^{-\zeta\omega_n t}\{(B_1 + B_2 i)(\cos\sqrt{1-\zeta^2}\omega_n t + i\sin\sqrt{1-\zeta^2}\omega_n t)$$
$$+ (B_1 - B_2 i)(\cos\sqrt{1-\zeta^2}\omega_n t - i\sin\sqrt{1-\zeta^2}\omega_n t)\}$$
$$= e^{-\zeta\omega_n t}(B_1\cos\sqrt{1-\zeta^2}\omega_n t + B_1 i\sin\sqrt{1-\zeta^2}\omega_n t$$
$$+ B_2 i\cos\sqrt{1-\zeta^2}\omega_n t - B_2\sin\sqrt{1-\zeta^2}\omega_n t$$
$$+ B_1\cos\sqrt{1-\zeta^2}\omega_n t - B_1 i\sin\sqrt{1-\zeta^2}\omega_n t$$
$$- B_2 i\cos\sqrt{1-\zeta^2}\omega_n t - B_2\sin\sqrt{1-\zeta^2}\omega_n t)$$
$$= e^{-\zeta\omega_n t}(2B_1\cos\sqrt{1-\zeta^2}\omega_n t - 2B_2\sin\sqrt{1-\zeta^2}\omega_n t)$$

ここで，$C_1 = 2B_1$，$C_2 = -2B_2$ とおくと

$$x = e^{-\zeta\omega_n t}(C_1\cos\sqrt{1-\zeta^2}\,\omega_n t + C_2\sin\sqrt{1-\zeta^2}\,\omega_n t) \qquad (9.39)$$

となり，式 (2.52) と一致する。$t = 0$ での初期条件で $x = x_0$ および $x = v_0$ であるとすると，式 (2.57) が得られる。

9.3 複素数を用いた 1 自由度系の強制振動の解法

3 章に示した 1 自由度系の定常振動を，複素数を用いて求める方法について述べる。

9.3.1 力入力を受ける 1 自由度系

力加振を受ける 1 自由度系の運動方程式は

$$\ddot{x} + 2\zeta\omega_n\dot{x} + \omega_n{}^2 x = \frac{F}{m}\sin\omega t \tag{3.3}$$

式 (*3.7*) との対応を考えると，定常振動応答は

$$x_s = Xe^{i\omega t} \tag{9.40}$$

とおくことができる。式 (*9.40*) を微分すると，速度および加速度は

$$\dot{x}_s = i\omega Xe^{i\omega t} \tag{9.41}$$

$$\ddot{x}_s = (i\omega)^2 Xe^{i\omega t} = -\omega^2 Xe^{i\omega t} \tag{9.42}$$

式 (*3.3*)の右辺の $\sin\omega t$ は $e^{i\omega t}$ の虚数部となる。したがって，右辺の $\sin\omega t$ を $e^{i\omega t}$ とおき，式 (*9.40*)～(*9.42*) を式 (*3.3*) に代入すると

$$-\omega^2 Xe^{i\omega t} + 2\zeta\omega_n\omega i Xe^{i\omega t} + \omega_n{}^2 Xe^{i\omega t} = \frac{F}{m}e^{i\omega t} \tag{9.43}$$

両辺を $e^{i\omega t}$ で割ると

$$\{(\omega_n{}^2 - \omega^2) + 2\zeta\omega_n\omega i\}X = \frac{F}{m} \tag{9.44}$$

式 (*9.44*) から

$$X = \frac{F}{m}\cdot\frac{1}{(\omega_n{}^2 - \omega^2) + 2\zeta\omega_n\omega i} \tag{9.45}$$

このように，X は複素数である。絶対値は式 (*9.23*) から

$$|X| = \frac{F}{m}\cdot\frac{1}{\sqrt{(\omega_n{}^2 - \omega^2)^2 + (2\zeta\omega_n\omega)^2}} \tag{9.46}$$

偏角は式 (*9.24*) から

$$\phi = \arg(X) = -\tan^{-1}\left(\frac{2\zeta\omega_n\omega}{\omega_n{}^2 - \omega^2}\right)$$

$X = |X|e^{i\phi}$ である。これを式 (*9.40*) に代入すると

$$x_s = Xe^{i\omega t} = |X|e^{i\phi}e^{i\omega t} = |X|e^{i(\omega t + \phi)}$$

$$= \frac{F}{m}\cdot\frac{1}{\sqrt{(\omega_n{}^2 - \omega^2)^2 + (2\zeta\omega_n\omega)^2}}\{\cos(\omega t + \phi) + i\sin(\omega t + \phi)\}$$

$$\tag{9.47}$$

式 (9.47) の虚数部は

$$\text{Im}(x) = \frac{F}{m} \cdot \frac{1}{\sqrt{({\omega_n}^2 - \omega^2)^2 + (2\zeta\omega_n\omega)^2}} \sin(\omega t + \phi) \qquad (9.48)$$

となり，式 (3.14) ～ (3.16) と一致する。

9.3.2 変位入力を受ける1自由度系

変位加振を受ける1自由度系の運動方程式は

$$\ddot{x} + 2\zeta\omega_n\dot{x} + {\omega_n}^2 x = 2\zeta\omega_n\dot{y} + {\omega_n}^2 y \qquad (3.25)$$

式 (3.30) との対応を考えると，定常振動応答は式 (9.40) と同様に

$$x_s = Xe^{i\omega t} \qquad (9.49)$$

とおくことができる。$y = Y\sin\omega t$ であるから

$$y = Ye^{i\omega t} \qquad (9.50)$$

の虚数部である。また

$$\dot{y} = i\omega Ye^{i\omega t} \qquad (9.51)$$

である。式 (9.40) ～ (9.42) および式 (9.50) と式 (9.51) を式 (3.25) に代入すると

$$-\omega^2 Xe^{i\omega t} + 2\zeta\omega_n\omega i Xe^{i\omega t} + {\omega_n}^2 Xe^{i\omega t} = 2\zeta\omega_n\omega i Ye^{i\omega t} + {\omega_n}^2 Ye^{i\omega t}$$
$$(9.52)$$

両辺を $e^{i\omega t}$ で割ると

$$\{({\omega_n}^2 - \omega^2) + 2\zeta\omega_n\omega i\}X = ({\omega_n}^2 + 2\zeta\omega_n\omega i)\,Y \qquad (9.53)$$

したがって

$$X = \frac{{\omega_n}^2 + 2\zeta\omega_n\omega i}{({\omega_n}^2 - \omega^2) + 2\zeta\omega_n\omega i}\,Y \qquad (9.54)$$

X は複素数であり，絶対値は式 (9.21) から

$$|X| = \sqrt{\frac{{\omega_n}^4 + (2\zeta\omega_n\omega)^2}{({\omega_n}^2 - \omega^2)^2 + (2\zeta\omega_n\omega)^2}}\,|Y| \qquad (9.55)$$

偏角は式 (9.22) から

$$\phi = \arg(X) = -\tan^{-1}\left\{\frac{2\zeta\omega{\omega_n}^3 - 2\zeta\omega_n\omega({\omega_n}^2 - \omega^2)}{{\omega_n}^2({\omega_n}^2 - \omega^2) + (2\zeta\omega_n\omega)^2}\right\}$$

$$= - \tan^{-1} \left\{ \frac{2\zeta\omega_n\omega^3}{\omega_n{}^2(\omega_n{}^2 - \omega^2) + (2\zeta\omega_n\omega)^2} \right\}$$

式(9.49) はつぎのようになる。

$$x_s = Xe^{i\omega t} = |X|\, e^{i\phi}e^{i\omega t} = |X|\, e^{i(\omega t + \phi)}$$

$$= \sqrt{\frac{\omega_n{}^4 + (2\zeta\omega_n\omega)^2}{(\omega_n{}^2 - \omega^2)^2 + (2\zeta\omega_n\omega)^2}}\, |Y| \{\cos(\omega t + \phi) + i\sin(\omega t + \phi)\}$$

$$(9.56)$$

式 (9.56)の虚数部は

$$\mathrm{Im}(x) = \sqrt{\frac{\omega_n{}^4 + (2\zeta\omega_n\omega)^2}{(\omega_n{}^2 - \omega^2)^2 + (2\zeta\omega_n\omega)^2}}\, |Y| \sin(\omega t + \phi) \qquad (9.57)$$

となり，式 (3.37)と一致する。

9.4　複素数を用いた 2 自由度系の固有振動数の求め方

4 章に示した 2 自由度系の固有振動数を複素数を用いて求める方法について述べる。

図 *4.1* に示した 2 自由度系の運動方程式は

$$\left. \begin{array}{l} m_1\ddot{x}_1 + k_1 x_1 + k_2(x_1 - x_2) = 0 \\ m_2\ddot{x}_2 + k_2(x_2 - x_1) = 0 \end{array} \right\} \qquad (4.3)$$

固有振動数を求めるときに，x_1 および x_2 をそれぞれつぎのようにおいた。

$$\left. \begin{array}{l} x_1 = X_1 \sin(\omega t + \phi) \\ x_2 = X_2 \sin(\omega t + \phi) \end{array} \right\} \qquad (4.5)$$

これと同じように

$$\left. \begin{array}{l} x_1 = X_1 e^{i\omega t} \\ x_2 = X_2 e^{i\omega t} \end{array} \right\} \qquad (9.58)$$

とおく。加速度 $\ddot{x}_1$ および $\ddot{x}_2$ はそれぞれつぎのようになる。

$$\left. \begin{array}{l} \ddot{x}_1 = -\omega^2 X_1 e^{i\omega t} \\ \ddot{x}_2 = -\omega^2 X_2 e^{i\omega t} \end{array} \right\} \qquad (9.59)$$

式 (9.58) および式 (9.59) を式 (4.3) に代入すると

$$\left.\begin{array}{l} -\omega^2 m_1 X_1 e^{i\omega t} + k_1 X_1 e^{i\omega t} + k_2 (X_1 e^{i\omega t} - X_2 e^{i\omega t}) = 0 \\ -\omega^2 m_2 X_2 e^{i\omega t} + k_2 (X_2 e^{i\omega t} - X_1 e^{i\omega t}) = 0 \end{array}\right\} \tag{9.60}$$

式 (9.60) はつぎのようになる。

$$\left.\begin{array}{l} \{(k_1 + k_2 - \omega^2 m_1) X_1 - k_2 X_2\} e^{i\omega t} = 0 \\ \{(k_2 - \omega^2 m_2) X_2 - k_2 X_1\} e^{i\omega t} = 0 \end{array}\right\} \tag{9.61}$$

式 (9.61) の両辺を $e^{i\omega t}$ で割ると

$$\left.\begin{array}{l} (k_1 + k_2 - \omega^2 m_1) X_1 - k_2 X_2 = 0 \\ -\omega^2 m_2 X_2 + k_2 (X_2 - X_1) = 0 \end{array}\right\} \tag{9.62}$$

となり，式 (4.9) と同じになる。したがって，式 (4.10) 以降と同様にして固有円振動数および振幅比が求まる。

9.5　複素数を用いた 2 自由度系の強制振動の解法

9.5.1　力入力を受ける 2 自由度系

4.3 節で述べた力入力を受ける 2 自由度系の定常振動について考える。図 4.4 に示す質点 1 に $f(t) = F \sin \omega t$ で表される外力が加わる場合の運動方程式は

$$\left.\begin{array}{l} m_1 \ddot{x}_1 + k_1 x_1 + k_2 (x_1 - x_2) = F \sin \omega t \\ m_2 \ddot{x}_2 + k_2 (x_2 - x_1) = 0 \end{array}\right\} \tag{4.39}$$

1 自由度系の強制振動と同様に，定常応答振動をつぎのようにおく。

$$\left.\begin{array}{l} x_{s1} = X_{s1} e^{i\omega t} \\ x_{s2} = X_{s2} e^{i\omega t} \end{array}\right\} \tag{9.63}$$

式 (9.63) を微分すると，加速度 $\ddot{x}_{s1}$ および $\ddot{x}_{s2}$ は

$$\left.\begin{array}{l} \ddot{x}_{s1} = -\omega^2 X_{s1} e^{i\omega t} \\ \ddot{x}_{s2} = -\omega^2 X_{s2} e^{i\omega t} \end{array}\right\} \tag{9.64}$$

式 (4.39) の右辺の $\sin \omega t$ は $e^{i\omega t}$ の虚数部となる。したがって，右辺の

$\sin \omega t$ を $e^{i\omega t}$ とおき,式 (9.63) および式 (9.64) を式 (4.39) に代入すると

$$\left.\begin{array}{l} -\omega^2 m_1 X_{s1} e^{i\omega t} + k_1 X_{s1} e^{i\omega t} + k_2 (X_{s1} - X_{s2}) e^{i\omega t} = F e^{i\omega t} \\ -\omega^2 m_2 X_{s2} e^{i\omega t} + k_2 (X_{s2} - X_{s1}) e^{i\omega t} = 0 \end{array}\right\} \quad (9.65)$$

式 (9.65) の両辺を $e^{i\omega t}$ で割ると

$$\left.\begin{array}{l} -\omega^2 m_1 X_{s1} + k_1 X_{s1} + k_2 (X_{s1} - X_{s2}) = F \\ -\omega^2 m_2 X_{s2} + k_2 (X_{s2} - X_{s1}) = 0 \end{array}\right\} \quad (9.66)$$

式 (9.66) から,つぎのような X_{s1} および X_{s2} に関する連立方程式が得られる。

$$\left.\begin{array}{l} (k_1 + k_2 - \omega^2 m_1) X_{s1} - k_2 X_{s2} = F \\ -k_2 X_{s1} + (k_2 - \omega^2 m_2) X_{s2} = 0 \end{array}\right\} \quad (9.67)$$

式 (9.67) を解くと

$$\left.\begin{array}{l} X_{s1} = \dfrac{F(k_2 - \omega^2 m_2)}{(k_1 + k_2 - \omega^2 m_1)(k_2 - \omega^2 m_2) - k_2{}^2} \\[3mm] X_{s2} = \dfrac{F k_2}{(k_1 + k_2 - \omega^2 m_1)(k_2 - \omega^2 m_2) - k_2{}^2} \end{array}\right\} \quad (9.68)$$

運動方程式の解は,式 (9.63) の虚数部であるから

$$\left.\begin{array}{l} x_{s1} = X_{s1} \sin \omega t \\ x_{s2} = X_{s2} \sin \omega t \end{array}\right\} \quad (9.69)$$

この場合には,速度 $\dot{x}_{s1}$ および $\dot{x}_{s2}$ の項がないため X_{s1} および X_{s2} は実数部のみとなり,式 (9.68) は式 (4.46) と一致する。

9.5.2 変位入力を受ける2自由度系

図 4.6 に示すような変位入力を受ける2自由度系の振動について考える。図 4.6 のように $y(t) = Y \sin \omega t$ で表される変位入力を受ける場合の運動方程式は

$$\left.\begin{array}{l} m_1 \ddot{x}_1 + k_1 (x_1 - y) + k_2 (x_1 - x_2) = 0 \\ m_2 \ddot{x}_2 + k_2 (x_2 - x_1) = 0 \end{array}\right\} \quad (4.48)$$

定常応答振動を式（9.63）と同様に，つぎのようにおく。

$$\left.\begin{array}{l} x_{s1} = X_{s1}e^{i\omega t} \\ x_{s2} = X_{s2}e^{i\omega t} \end{array}\right\} \tag{9.70}$$

式（9.70）を微分すると，加速度 $\ddot{x}_{s1}$ および $\ddot{x}_{s2}$ は

$$\left.\begin{array}{l} \ddot{x}_{s1} = -\omega^2 X_{s1}e^{i\omega t} \\ \ddot{x}_{s2} = -\omega^2 X_{s2}e^{i\omega t} \end{array}\right\} \tag{9.71}$$

入力は $y = Y\sin\omega t$ であるから

$$y = Ye^{i\omega t} \tag{9.72}$$

の虚数部である。また

$$\dot{y} = i\omega Ye^{i\omega t} \tag{9.73}$$

式（9.70），式（9.71），式（9.72）および式（9.73）を式（4.48）に代入すると

$$\left.\begin{array}{l} -\omega^2 m_1 X_{s1}e^{i\omega t} + k_1(X_{s1} - Y)e^{i\omega t} + k_2(X_{s1} - X_{s2})e^{i\omega t} = 0 \\ -\omega^2 m_2 X_{s2}e^{i\omega t} + k_2(X_{s2} - X_{s1})e^{i\omega t} = 0 \end{array}\right\} \tag{9.74}$$

式（9.74）の両辺を $e^{i\omega t}$ で割ると

$$\left.\begin{array}{l} -\omega^2 m_1 X_{s1} + k_1(X_{s1} - Y) + k_2(X_{s1} - X_{s2}) = 0 \\ -\omega^2 m_2 X_{s2} + k_2(X_{s2} - X_{s1}) = 0 \end{array}\right\} \tag{9.75}$$

コーヒーブレイク

複素数について

　複素数は，根号内が負になるような数でも定義できるようにしたものである。振動に関連する問題では，特に定常振動を求めるときに威力を発揮する。三角関数を用いた場合と比較して，複素数を用いて定常振動を求めたほうが，式が少なくて済む。複素数は，10 章のラプラス変換やベクトルとも関係が深く，不規則な振動の特徴をとらえるためにも広く使われている。また，複素数を用いることにより計算が容易になることも多い。

　本章と 10 章では人の名前が出てくる。ガウス平面のガウス，オイラーの公式のオイラーは，それぞれ学者（数学者と書いてもよいのだが，工学に関する分野でも活躍したのであえて学者と書く）の名前である。

式（9.75）から，つぎのような X_{s1} および X_{s2} に関する連立方程式が得られる。

$$
\left.
\begin{array}{l}
(k_1 + k_2 - \omega^2 m_1) X_{s1} - k_2 X_{s2} = k_1 Y \\
- k_2 X_{s1} + (k_2 - \omega^2 m_2) X_{s2} = 0
\end{array}
\right\}
\quad (9.76)
$$

式（9.76）を解くと

$$
\left.
\begin{array}{l}
X_{s1} = \dfrac{k_1 Y (k_2 - \omega^2 m_2)}{(k_1 + k_2 - \omega^2 m_1)(k_2 - \omega^2 m_2) - k_2{}^2} \\[4mm]
X_{s2} = \dfrac{k_1 Y k_2}{(k_1 + k_2 - \omega^2 m_1)(k_2 - \omega^2 m_2) - k_2{}^2}
\end{array}
\right\}
\quad (9.77)
$$

運動方程式の解は，式（9.70）の虚数部であるから

$$
\left.
\begin{array}{l}
x_{s1} = X_{s1} \sin \omega t \\
x_{s2} = X_{s2} \sin \omega t
\end{array}
\right\}
\quad (9.78)
$$

式（9.77）は式（4.55）と一致する。

演　習　問　題

【1】 つぎの複素数の絶対値および偏角を求め，極形式で表せ。

（1）　$z = 4 - 5i$

（2）　$z = -3 + 2i$

【2】 つぎの二つの複素数，z と w の積（zw）と商（z/w）を極形式で求めよ。

$$z = 2\left(\cos\frac{\pi}{4} + i\sin\frac{\pi}{4}\right)$$

$$w = 3\left(\cos\frac{\pi}{6} + i\sin\frac{\pi}{6}\right)$$

【3】☆ 複素数 z および w に対して $|zw| = |z||w|$ となることを証明せよ。

【4】 運動方程式が $\ddot{x} + 0.1\dot{x} + 100x = 50 \sin \omega t$ で与えられる場合の定常応答振幅および位相角を，複素数を用いて求めよ。

10

ラプラス変換による振動計算

 9章では複素数を用いた振動の計算法を示した。この章では，**2 ～ 4**章で扱った振動を，ラプラス変換によって求める方法を示す。ラプラス変換を用いると，振動の伝達特性を簡単に表すことができるので，自動制御でよく使われる。

10.1 ラプラス変換とは

複素数 s を用いて $x(t)$（ただし，$t > 0$）に対して次式で定義される積分を**ラプラス変換**（Laplace transform）と呼ぶ。

$$X(s) = \mathscr{L}[x(t)] = \int_0^\infty e^{-st} x(t)\, dt \qquad (10.1)$$

式（*10.1*）において，s をラプラス演算子と呼ぶ。式（*10.1*）を用いる際には，s を通常の実数とみなして計算しても問題はない。

 例題 *10.1* $x(t) = 1$ のラプラス変換を求めよ。

【解答】

$$
\begin{aligned}
X(s) &= \mathscr{L}[1] = \int_0^\infty e^{-st} \cdot 1\, dt \\
&= -\frac{1}{s}\Big[e^{-st}\Big]_0^\infty = -\frac{1}{s}\Big[\lim_{t \to \infty} e^{-st} - 1\Big] = \frac{1}{s} \qquad \diamondsuit
\end{aligned}
$$

 おもなラプラス変換を**表 *10.1*** に示す。公式 13 で，$H(s)$ は $h(t)$ のラプラス変換を，$F(s)$ は $f(t)$ のラプラス変換を表す。

 式（*10.1*）の逆変換を**逆ラプラス変換**（inverse Laplace transform）と呼

表 10.1 ラプラス変換表

公式	$x(t)$	$X(s)$	公式	$x(t)$	$X(s)$
1	1	$\dfrac{1}{s}$	8	$e^{at}\cos\omega t$	$\dfrac{s-a}{(s-a)^2+\omega^2}$
2	t	$\dfrac{1}{s^2}$	9	$\dfrac{dx(t)}{dt}$	$sX(s)-x(0)$
3	t^n	$\dfrac{n!}{s^{n+1}}$	10	$\dfrac{d^2}{dt^2}x(t)$	$s^2X(s)-\dot{x}(0)-sx(0)$
4	$\sin\omega t$	$\dfrac{\omega}{s^2+\omega^2}$	11	$\displaystyle\int_0^t x(t)\,dt$	$\dfrac{1}{s}X(s)$
5	$\cos\omega t$	$\dfrac{s}{s^2+\omega^2}$	12	$e^{at}f(t)$	$F(s-a)$
6	e^{at}	$\dfrac{1}{s-a}$	13	$\displaystyle\int_0^t h(t-\tau)f(t)\,d\tau$	$H(s)F(s)$
7	$e^{at}\sin\omega t$	$\dfrac{\omega}{(s-a)^2+\omega^2}$	14	$\delta(t)$	1

び，式で表すとつぎのようになる。

$$x(t)=\frac{1}{2\pi i}\int_{s-i\infty}^{s+i\infty}e^{st}X(s)\,ds \tag{10.2}$$

式（10.2）の計算はやや複雑であるが，**表 10.1** に示した公式を用いることができるように $X(s)$ を変形することによって，逆変換を求めることができる。振動の問題では，公式 7〜10 を用いれば十分であることが多い。つぎの例題で具体的なラプラス変換の例を示す。

例題 10.2 つぎの逆ラプラス変換を求めよ。

（1） $X(s)=\dfrac{3}{s^2-6s+13}$

（2） $X(s)=\dfrac{s+2}{s^2-2s+10}$

【解答】 （1） $X(s)=\dfrac{3}{2}\cdot\dfrac{2}{(s-3)^2+4}$

表 10.1 の公式 7 から

$$x(t)=\frac{3}{2}e^{3t}\sin 2t$$

（2）　$X(s) = \dfrac{s-1}{(s-1)^2+9} + \dfrac{3}{(s-1)^2+9}$

表 10.1 の公式 7 および公式 8 から

$$x(t) = e^t \cos 3t + e^t \sin 3t$$ ◇

10.2 ラプラス変換を用いた 1 自由度系の振動の解法

10.2.1 減衰のない 1 自由度系

運動方程式は，式 (*2.5*) から

$$x + \omega_n{}^2 x = 0 \tag{2.5}$$

x のラプラス変換を $X(s)$ とすると，x のラプラス変換は

$$s^2 X(s) - sx(0) - \dot{x}(0) + \omega_n{}^2 X(s) = 0 \tag{10.3}$$

ここで，$x(0)$ および $\dot{x}(0)$ は，それぞれ x および $\dot{x}$ の $t = 0$ での初期条件で，$x = x_0$ および $\dot{x} = v_0$ とすると，式 (*10.3*) はつぎのようになる。

$$(s^2 + \omega_n{}^2) X(s) = sx_0 + v_0 \tag{10.4}$$

両辺を $s^2 + \omega_n{}^2$ で割ると

$$X(s) = \frac{s}{s^2 + \omega_n{}^2} x_0 + \frac{1}{\omega_n} \cdot \frac{\omega_n}{s^2 + \omega_n{}^2} v_0 \tag{10.5}$$

表 10.1 の公式を用いて逆ラプラス変換を行うと

$$x = x_0 \cos \omega_n t + \frac{v_0}{\omega_n} \sin \omega_n t \tag{10.6}$$

当然のことながら，この結果は式 (*2.14*) と一致する。

例題 10.3　単振り子に対する運動方程式をラプラス変換を用いて解け。

【解答】　単振り子の運動方程式は

$$\ddot{\theta} + \frac{g}{l}\theta = 0$$

θ のラプラス変換を $\Theta(s)$ とし

$$\omega_n = \sqrt{\frac{g}{l}}$$

とおくと，運動方程式のラプラス変換は

$$s^2\Theta(s) - s\theta(0) - \dot{\theta}(0) + \omega_n{}^2\Theta(s) = 0$$

$t = 0$ で $\theta(0)$ および $\dot{\theta}(0)$ がそれぞれ θ_0 および ω_0 であるとすると

$$(s^2 + \omega_n{}^2)\Theta(s) = s\theta_0 + \omega_0$$

両辺を $s^2 + \omega_n{}^2$ で割ると

$$\Theta(s) = \frac{s}{s^2 + \omega_n{}^2}\theta_0 + \frac{1}{\omega_n}\cdot\frac{\omega_n}{s^2 + \omega_n{}^2}\omega_0$$

表 10.1 の公式を用いて逆ラプラス変換を行うと

$$\theta = \theta_0\cos\omega_nt + \frac{\omega_0}{\omega_n}\sin\omega_nt \qquad\qquad\qquad \diamondsuit$$

10.2.2 減衰のある1自由度系

減衰がある1自由度系において，減衰比が1より小さく（$\zeta < 1$）振動が生じる場合に注目する。運動方程式は，式（2.47）から

$$\ddot{x} + 2\zeta\omega_n\dot{x} + \omega_n{}^2x = 0 \qquad\qquad (2.47)$$

この式をラプラス変換すると

$$s^2X(s) - sx(0) - \dot{x}(0) + 2\zeta\omega_n\{sX(s) - x(0)\} + \omega_n{}^2X(s) = 0$$

$$(10.7)$$

$t = 0$ で $x = x_0$，$\dot{x} = v_0$ とすると

$$(s^2 + 2\zeta\omega_ns + \omega_n{}^2)X(s) - v_0 - (s + 2\zeta\omega_n)x_0 = 0 \qquad (10.8)$$

となる。さらに，式（10.8）はつぎのように変形することができる。

$$X(s) = \frac{v_0}{s^2 + 2\zeta\omega_ns + \omega_n{}^2} + \frac{s + 2\zeta\omega_n}{s^2 + 2\zeta\omega_ns + \omega_n{}^2}x_0 \qquad (10.9)$$

さらに変形すると

$$X(s) = \frac{v_0}{(s + \zeta\omega_n)^2 + \omega_n{}^2 - (\zeta\omega_n)^2}$$

$$+ \frac{(s + \zeta\omega_n) - \zeta\omega_n + 2\zeta\omega_n}{(s + \zeta\omega_n)^2 + \omega_n{}^2 - (\zeta\omega_n)^2}x_0 \qquad (10.10)$$

最終的に，つぎの式が得られる。

$$X(s) = \frac{\sqrt{1 - \zeta^2}\omega_n}{\sqrt{1 - \zeta^2}\omega_n\{(s + \zeta\omega_n)^2 + (1 - \zeta^2)\omega_n{}^2\}}v_0$$

$$+ \frac{(s + \zeta\omega_n)}{(s + \zeta\omega_n)^2 + (1 - \zeta^2)\,\omega_n{}^2}\, x_0$$

$$+ \frac{\zeta\omega_n\sqrt{1 - \zeta^2}\,\omega_n}{\sqrt{1 - \zeta^2}\,\omega_n\{(s + \zeta\omega_n)^2 + (1 - \zeta^2)\,\omega_n{}^2\}}\, x_0 \qquad (10.11)$$

表 **10.1** の公式を用いて逆ラプラス変換を行うと

$$x = e^{-\zeta\omega_n t}\left\{ \frac{v_0}{\sqrt{1 - \zeta^2}\,\omega_n}\sin(\sqrt{1 - \zeta^2})\,\omega_n t + x_0\cos(\sqrt{1 - \zeta^2})\,\omega_n t \right.$$

$$\left. + \frac{\zeta\omega_n x_0}{\sqrt{1 - \zeta^2}\,\omega_n}\sin(\sqrt{1 - \zeta^2})\,\omega_n t \right\} \qquad (10.12)$$

式 (10.12) をまとめると

$$x = e^{-\zeta\omega_n t}\left\{ \frac{v_0 + \zeta\omega_n x_0}{\sqrt{1 - \zeta^2}\,\omega_n}\sin(\sqrt{1 - \zeta^2})\,\omega_n t + x_0\cos(\sqrt{1 - \zeta^2})\,\omega_n t \right\}$$

$$(10.13)$$

この結果は式 (2.57) と一致する。

10.2.3 衝撃入力を受ける1自由度系

単位インパルス関数 $\delta(t)$ で表される，入力を受ける減衰のない1自由度系の運動方程式は

$$m\ddot{x} + kx = \delta(t) \qquad (10.14)$$

$\delta(t)$ のラプラス変換は，表 **10.1** の公式14から1であるから，式 (10.14) をラプラス変換すると

$$m\{s^2 X(s) - sx(0) - \dot{x}(0)\} + kX(s) = 1 \qquad (10.15)$$

初期条件は $t = 0$ で $x = 0$, $\dot{x} = 0$ であるから，これらを式 (10.15) に代入すると

$$ms^2 X(s) + kX(s) = 1 \qquad (10.16)$$

式 (10.16) をつぎのように変形する。

$$X(s) = \frac{1}{ms^2 + k} = \frac{\omega_n}{m\omega_n(s^2 + \omega_n{}^2)} \qquad (10.17)$$

表 **10.1** の公式を用いて逆ラプラス変換を行うと

$$x = \frac{1}{m\omega_n} \sin \omega_n t \qquad (10.18)$$

速度を求めると

$$\dot{x} = \frac{1}{m} \cos \omega_n t \qquad (10.19)$$

この結果は式（2.83）と一致する。式（10.18）と式（10.19）に $t = 0$ を代入すると，それぞれ

$$x = 0, \quad \dot{x} = \frac{1}{m} \qquad (10.20)$$

となり，初期条件として $\dot{x} = 0$ としたにもかかわらず，$\dot{x}$ は0とならない。これは，$\delta(t)$ で表される力を受けた瞬間に，速度が $1/m$ となることを意味している。力を受ける直前までは $\dot{x} = 0$ である。これらを区別するために，力を受ける直前の速度を $\dot{x}^-(0) = 0$，力を受けた直後の速度を $\dot{x}^+(0) = 1/m$ と書くことがある。

例題 10.4　減衰がある場合の単位インパルス応答関数を求めよ。

【解答】　運動方程式は

$$m\ddot{x} + c\dot{x} + kx = \delta(t)$$

運動方程式をラプラス変換すると

$$m\{s^2 X(s) - sx(0) - \dot{x}(0)\} + c\{sX(s) - x(0)\} + kX(s) = 1$$

初期条件は $t = 0$ で $x = 0$，$\dot{x} = 0$ を代入すると

$$ms^2 X(s) + csX(s) + kX(s) = 1$$

上式をつぎのように変形する。

$$
\begin{aligned}
X(s) &= \frac{1}{ms^2 + cs + k} \\
&= \frac{1}{m(s^2 + 2\zeta\omega_n s + \omega_n^2)} \\
&= \frac{1}{m\sqrt{1 - \zeta^2}\,\omega_n} \cdot \frac{\sqrt{(1 - \zeta^2)}\,\omega_n}{(s + \zeta\omega_n)^2 + (\sqrt{1 - \zeta^2}\,\omega_n)^2}
\end{aligned}
$$

表 10.1 の公式を用いて逆ラプラス変換を行うと

$$x = \frac{1}{m\sqrt{1 - \zeta^2}\,\omega_n}\, e^{-\zeta\omega_n t} \sin\sqrt{1 - \zeta^2}\,\omega_n t \qquad \diamondsuit$$

10.2.4 任意の入力を受ける系の応答

任意の入力 $f(t)$ を受ける系の応答は，**2.3.2** 項から単位インパルス応答関数を $h(t)$ とした場合に，つぎのような畳込み積分で得られる。

$$x = \int_0^t h(t - \tau) f(\tau)\, d\tau \tag{2.86}$$

$h(t)$ および $f(t)$ のラプラス変換をそれぞれ $H(s)$ および $F(s)$ とすると，式（2.86）のラプラス変換は，**表 10.1** の公式 13 から

$$X(s) = \int_0^\infty e^{-st} \int_0^t h(t - \tau) f(\tau)\, d\tau dt = H(s) F(s) \tag{10.21}$$

となる。この式から，畳込み積分のラプラス変換は，単位インパルス応答関数と入力のラプラス変換の積となる。したがって，任意の入力 $f(t)$ を受ける系の応答のラプラス変換は，単位インパルス応答関数と入力のラプラス変換の積となる。この関係は振動解析や自動制御でよく使われる。

例題 10.5 **図 2.18** に示すような $t \geqq 0$ で $f(t) = F_a$ である力（ステップ入力）を受ける，減衰のない 1 自由度系の応答を求めよ。

【解答】 式（10.17）から，$H(s)$ は

$$H(s) = \frac{1}{ms^2 + k}$$

$$= \frac{1}{m(s^2 + \omega_n{}^2)} \tag{10.22}$$

また，**表 10.1** の公式 1 から

$$F(s) = \frac{F_a}{s} \tag{10.23}$$

したがって，応答のラプラス変換は

$$X(s) = \frac{1}{m(s^2 + \omega_n{}^2)} \cdot \frac{F_a}{s} \tag{10.24}$$

式（10.24）の右辺をつぎのように部分分数に分解する。

$$\frac{1}{m(s^2 + \omega_n{}^2)} \cdot \frac{F_a}{s} = \frac{F_a}{m} \left(\frac{As + B}{s^2 + \omega_n{}^2} + \frac{C}{s} \right)$$

両辺に $ms(s^2 + \omega_n{}^2)/F_a$ を乗じると

$$1 = s(As + B) + C(s^2 + \omega_n{}^2)$$

式（10.24）は，s のどのような値（複素数を含む）に対しても成り立つ。したがっ

て，できるだけ簡単になるような s を代入して A，B および C を求める。

まず，$s = 0$ を代入すると

$$1 = C\omega_n{}^2$$

であるから

$$C = \frac{1}{\omega_n{}^2}$$

$s = 1$ を代入すると

$$1 = (A + B) + \frac{1}{\omega_n{}^2}(1 + \omega_n{}^2)$$

$s = -1$ を代入すると

$$1 = -(-A + B) + \frac{1}{\omega_n{}^2}(1 + \omega_n{}^2)$$

したがって，つぎの連立方程式が得られる。

$$\left.\begin{array}{l} A + B = -\dfrac{1}{\omega_n{}^2} \\[2mm] A - B = -\dfrac{1}{\omega_n{}^2} \end{array}\right\}$$

連立方程式を解くと

$$B = 0, \quad A = -\frac{1}{\omega_n{}^2}$$

したがって

$$\begin{aligned} X(s) &= \frac{1}{m(s^2 + \omega_n{}^2)} \cdot \frac{F_a}{s} = \frac{F_a}{m}\left(\frac{As + B}{s^2 + \omega_n{}^2} + \frac{C}{s}\right) \\[2mm] &= \frac{F_a}{m}\left\{-\frac{s}{\omega_n{}^2(s^2 + \omega_n{}^2)} + \frac{1}{\omega_n{}^2 s}\right\} \\[2mm] &= \frac{F_a}{m\omega_n{}^2}\left\{\frac{1}{s} - \frac{s}{(s^2 + \omega_n{}^2)}\right\} \end{aligned} \tag{10.25}$$

逆ラプラス変換を行うと

$$x = \frac{F_a}{m\omega_n{}^2}(1 - \cos \omega_n t) = \frac{F_a}{k}(1 - \cos \omega_n t) \tag{10.26}$$

10.3　ラプラス変換を用いた 1 自由度系の強制振動の解法

ラプラス変換を用いて，*3* 章で述べた 1 自由度系の定常振動を求める方法を

示す。

10.3.1 力入力を受ける 1 自由度系

図 **3.1** に示す力入力を受ける 1 自由度系の運動方程式は

$$\ddot{x} + 2\zeta\omega_n\dot{x} + \omega_n{}^2x = \frac{F}{m}\sin\omega t \tag{3.3}$$

入力を一般化して $f(t)$ とおくと

$$\ddot{x} + 2\zeta\omega_n\dot{x} + \omega_n{}^2x = \frac{f(t)}{m} \tag{10.27}$$

ラプラス変換を行うと

$$s^2X(s) - sx(0) - \dot{x}(0) + 2\zeta\omega_n\{sX(s) - x(0)\} + \omega_n{}^2X(s)$$

$$= \frac{F(s)}{m} \tag{10.28}$$

初期条件を $t = 0$ で $x = x_0$, $\dot{x} = v_0$ とし，式 (10.28) を変形すると

$$(s^2 + 2\zeta\omega_ns + \omega_n{}^2)X(s) = (s + 2\zeta\omega_n)x_0 + v_0 + \frac{F(s)}{m} \tag{10.29}$$

さらに

$$X(s) = \frac{(s + 2\zeta\omega_n)x_0}{s^2 + 2\zeta\omega_ns + \omega_n{}^2} + \frac{v_0}{s^2 + 2\zeta\omega_ns + \omega_n{}^2}$$

$$+ \frac{F(s)}{m}\cdot\frac{1}{s^2 + 2\zeta\omega_ns + \omega_n{}^2} \tag{10.30}$$

初期条件を $x_0 = 0$, $v_0 = 0$ とすると

$$X(s) = \frac{F(s)}{m}\cdot\frac{1}{s^2 + 2\zeta\omega_ns + \omega_n{}^2} \tag{10.31}$$

となり，定常振動の項だけが残る。式 (10.31) は

$$\frac{X(s)}{F(s)} = \frac{1}{m(s^2 + 2\zeta\omega_ns + \omega_n{}^2)}$$

となる。ここで，$s = i\omega$ を代入すると

$$\frac{X(i\omega)}{F(i\omega)} = \frac{1}{m(-\omega^2 + 2\zeta\omega_n\omega i + \omega_n{}^2)} \tag{10.32}$$

式 (10.32) の絶対値を求めると

$$\frac{|X(i\omega)|}{|F(i\omega)|} = \frac{1}{m\sqrt{(\omega_n{}^2 - \omega^2)^2 + (2\zeta\omega_n\omega)^2}} \tag{10.33}$$

となり，定常応答振幅と入力振幅の比が求まる。偏角 ϕ を求めると

$$\phi = -\tan^{-1}\left(\frac{2\zeta\omega_n\omega}{\omega_n{}^2 - \omega^2}\right) \tag{10.34}$$

となり，位相角が求まる。$|X(i\omega)|$ は定常応答振幅 X_s，$|F(i\omega)|$ は入力の振幅 F であるから式（*10.33*）および式（*10.34*）の結果は *3* 章の式（*3.15*）および式（*3.16*）の結果と一致する。

したがって，ラプラス変換を用いて定常振動を求めるためには，以下の手順で行う。

① 初期条件を0として運動方程式をラプラス変換する。

② $s = i\omega$ を代入する。

③ 絶対値から定常応答振幅，偏角から位相角を求める。

10.3.2 変位入力を受ける1自由度系

図 *3.6* に示す変位加振を受ける1自由度系の運動方程式は

$$\ddot{x} + 2\zeta\omega_n(\dot{x} - \dot{y}) + \omega_n{}^2(x - y) = 0 \tag{3.24}$$

初期条件を0として両辺をラプラス変換すると

$$s^2 X(s) + 2\zeta\omega_n s\{X(s) - Y(s)\} + \omega_n{}^2\{X(s) - Y(s)\} = 0 \tag{10.35}$$

となり

$$(s^2 + 2\zeta\omega_n s + \omega_n{}^2) X(s) = (2\zeta\omega_n s + \omega_n{}^2) Y(s) \tag{10.36}$$

さらに

$$X(s) = \frac{2\zeta\omega_n s + \omega_n{}^2}{s^2 + 2\zeta\omega_n s + \omega_n{}^2} Y(s) \tag{10.37}$$

式（*10.37*）は

$$\frac{X(s)}{Y(s)} = \frac{2\zeta\omega_n s + \omega_n{}^2}{s^2 + 2\zeta\omega_n s + \omega_n{}^2} \tag{10.38}$$

となる。ここで，$s = i\omega$ を代入すると

$$\frac{X(i\omega)}{Y(i\omega)} = \frac{\omega_n{}^2 + 2\zeta\omega_n\omega i}{\omega_n{}^2 - \omega^2 + 2\zeta\omega_n\omega i} \tag{10.39}$$

式 (10.39) の絶対値を求めると

$$\frac{|X(i\omega)|}{|Y(i\omega)|} = \sqrt{\frac{\omega_n{}^4 + (2\zeta\omega_n\omega)^2}{(\omega_n{}^2 - \omega^2)^2 + (2\zeta\omega_n\omega)^2}} \tag{10.40}$$

となり，定常応答振幅と入力振幅の比が求まる。偏角 δ を求めると

$$\phi = -\tan^{-1}\left\{\frac{(2\zeta\omega_n\omega)\,\omega_n{}^2 - (\omega_n{}^2 - \omega^2)\,(2\zeta\omega_n\omega)}{(\omega_n{}^2 - \omega^2)\,\omega_n{}^2 + (2\zeta\omega_n\omega)^2}\right\}$$

$$= -\tan^{-1}\left\{\frac{2\zeta\omega_n\omega^3}{(\omega_n{}^2 - \omega^2)\,\omega_n{}^2 + (2\zeta\omega_n\omega)^2}\right\} \tag{10.41}$$

となり，位相角が求まる。$|X(i\omega)|$ は定常応答振幅 X_s，$|Y(i\omega)|$ は入力振幅 Y であるから，式 (10.40) および式 (10.41) の結果は式 (3.38) および 式 (3.39) と一致する。

10.4　ラプラス変換を用いた 2 自由度系の固有振動数の求め方

図 4.1 に示す 2 自由度系の運動方程式は

$$\left.\begin{array}{l} m_1\ddot{x}_1 + k_1 x_1 + k_2(x_1 - x_2) = 0 \\ m_2\ddot{x}_2 + k_2(x_2 - x_1) = 0 \end{array}\right\} \tag{4.3}$$

式 (4.3) を行列表示すると

$$\begin{bmatrix} m_1 & 0 \\ 0 & m_2 \end{bmatrix}\begin{Bmatrix} \ddot{x}_1 \\ \ddot{x}_2 \end{Bmatrix} + \begin{bmatrix} k_1 + k_2 & -k_2 \\ -k_2 & k_2 \end{bmatrix}\begin{Bmatrix} x_1 \\ x_2 \end{Bmatrix} = \begin{Bmatrix} 0 \\ 0 \end{Bmatrix} \tag{4.4}$$

x_1 および x_2 のラプラス変換をそれぞれ $X_1(s)$ および $X_2(s)$ とする。初期条件をすべて 0 にすると，$\ddot{x}_1$ および $\ddot{x}_2$ のラプラス変換はそれぞれ $s^2 X_1(s)$ および $s^2 X_2(s)$ である。したがって，式 (4.3) は

$$\left.\begin{array}{l} m_1 s^2 X_1(s) + k_1 X_1(s) + k_2\{X_1(s) - X_2(s)\} = 0 \\ m_2 s^2 X_2(s) + k_2\{X_2(s) - X_1(s)\} = 0 \end{array}\right\} \tag{10.42}$$

$s = i\omega$ を代入すると

$$-m_1\omega^2 X_1(i\omega) + k_1 X_1(i\omega) + k_2\{X_1(i\omega) - X_2(i\omega)\} = 0 \\ -m_2\omega^2 X_2(i\omega) + k_2\{X_2(i\omega) - X_1(i\omega)\} = 0 \Bigg\} \quad (10.43)$$

式 (10.43) を整理し, 絶対値を求めると

$$(k_1 + k_2 - m_1\omega^2)|X_1(i\omega)| - k_2|X_2(i\omega)| = 0 \\ - k_2|X_1(i\omega)| + (k_2 - m_2\omega^2)|X_2(i\omega)| = 0 \Bigg\} \quad (10.44)$$

となり, 式 (4.9) と同じになる。したがって, 式 (4.10) 以下と同様にして固有振動数および振幅比が求まる。

10.5 ラプラス変換を用いた 2 自由度系の強制振動の解法

10.5.1 力入力を受ける 2 自由度系

図 4.4 に示すような外力を受ける 2 自由度系の定常振動について考える。図 4.4 のように, 質点 1 に $f(t) = F\sin\omega t$ で表される外力を受ける場合の運動方程式は

$$m_1\ddot{x}_1 + k_1 x_1 + k_2(x_1 - x_2) = f(t) \\ m_2\ddot{x}_2 + k_2(x_2 - x_1) = 0 \Bigg\} \quad (4.39)$$

x_1 および x_2 のラプラス変換をそれぞれ $X_1(s)$ および $X_2(s)$ とする。初期条件を 0 とすると, $\ddot{x}_1$ および $\ddot{x}_2$ のラプラス変換はそれぞれ $s^2 X_1(s)$ および $s^2 X_2(s)$ となる。$f(t)$ のラプラス変換を $F(s)$ とすると, 式 (4.39) はつぎのようになる。

$$s^2 m_1 X_1(s) + k_1 X_1(s) + k_2\{X_1(s) - X_2(s)\} = F(s) \\ s^2 m_2 X_2(s) + k_2\{X_2(s) - X_1(s)\} = 0 \Bigg\} \quad (10.45)$$

式 (10.45) をまとめると

$$(s^2 m_1 + k_1 + k_2) X_1(s) - k_2 X_2(s) = F(s) \\ - k_2 X_1(s) + (s^2 m_2 + k_2) X_2(s) = 0 \Bigg\} \quad (10.46)$$

$X_1(s)$ および $X_2(s)$ について解くと

$$X_1(s) = \frac{(s^2 m_2 + k_2)\, F(s)}{(s^2 m_1 + k_1 + k_2)\,(s^2 m_2 + k_2) - k_2{}^2} \left.\vphantom{\frac{a}{b}}\right\}$$

$$X_2(s) = \frac{k_2 F(s)}{(s^2 m_1 + k_1 + k_2)\,(s^2 m_2 + k_2) - k_2{}^2} \tag{10.47}$$

$s = i\omega$ とおくと

$$X_1(i\omega) = \frac{(k_2 - \omega^2 m_2)\, F(i\omega)}{(k_1 + k_2 - \omega^2 m_1)\,(k_2 - \omega^2 m_2) - k_2{}^2}$$

$$X_2(i\omega) = \frac{k_2 F(i\omega)}{(k_1 + k_2 - \omega^2 m_1)\,(k_2 - \omega^2 m_2) - k_2{}^2} \tag{10.48}$$

絶対値をとると

$$|X_1(i\omega)| = \frac{(k_2 - \omega^2 m_2)\,|F(i\omega)|}{(k_1 + k_2 - \omega^2 m_1)\,(k_2 - \omega^2 m_2) - k_2{}^2}$$

$$|X_2(i\omega)| = \frac{k_2\,|F(i\omega)|}{(k_1 + k_2 - \omega^2 m_1)\,(k_2 - \omega^2 m_2) - k_2{}^2} \tag{10.49}$$

となり，式 (4.46) と同じ結果となる。

10.5.2 変位入力を受ける2自由度系

図 4.6 に示すような変位入力を受ける2自由度系の振動について考える。
図 4.6 のように $y(t) = Y \sin \omega t$ で表される変位入力を受ける場合の運動方程式は

$$m_1 \ddot{x}_1 + k_1(x_1 - y) + k_2(x_1 - x_2) = 0$$

$$m_2 \ddot{x}_2 + k_2(x_2 - x_1) = 0 \tag{4.48}$$

x_1 および x_2 のラプラス変換をそれぞれ $X_1(s)$ および $X_2(s)$ とする。初期条件を0とすると，$\ddot{x}_1$ および $\ddot{x}_2$ のラプラス変換は，それぞれ $s^2 X_1(s)$ および $s^2 X_2(s)$ となる。$y(t)$ のラプラス変換を $Y(s)$ とすると，式 (4.48) は

$$s^2 m_1 X_1(s) + k_1\{X_1(s) - Y(s)\} + k_2\{X_1(s) - X_2(s)\} = 0$$

$$s^2 m_2 X_2(s) + k_2\{X_2(s) - X_1(s)\} = 0 \tag{10.50}$$

式 (10.50) をまとめると

$$\left. \begin{array}{l} (s^2 m_1 + k_1 + k_2)\,X_1(s) - k_2 X_2(s) = k_1 Y(s) \\ -k_2 X_1(s) + (s^2 m_2 + k_2)\,X_2(s) = 0 \end{array} \right\} \quad (10.51)$$

$X_1(s)$ および $X_2(s)$ について解くと

$$\left. \begin{array}{l} X_1(s) = \dfrac{k_1(s^2 m_2 + k_2)\,Y(s)}{(s^2 m_1 + k_1 + k_2)\,(s^2 m_2 + k_2)} \\[3mm] X_2(s) = \dfrac{k_1 k_2\,Y(s)}{(s^2 m_1 + k_1 + k_2)\,(s^2 m_2 + k_2)} \end{array} \right\} \quad (10.52)$$

$s = i\omega$ とおくと

$$\left. \begin{array}{l} X_1(i\omega) = \dfrac{k_1(k_2 - \omega^2 m_2)\,Y(i\omega)}{(k_1 + k_2 - \omega^2 m_1)\,(k_2 - \omega^2 m_2)} \\[3mm] X_2(i\omega) = \dfrac{k_1 k_2\,Y(i\omega)}{(k_1 + k_2 - \omega^2 m_1)\,(k_2 - \omega^2 m_2)} \end{array} \right\} \quad (10.53)$$

式（10.48）の絶対値を求めると

$$\left. \begin{array}{l} |X_1(i\omega)| = \dfrac{k_1(k_2 - \omega^2 m_2)\,|Y(i\omega)|}{(k_1 + k_2 - \omega^2 m_1)\,(k_2 - \omega^2 m_2)} \\[3mm] |X_2(i\omega)| = \dfrac{k_1 k_2\,|Y(i\omega)|}{(k_1 + k_2 - \omega^2 m_1)\,(k_2 - \omega^2 m_2)} \end{array} \right\} \quad (10.54)$$

式（10.54）は式（4.55）と同じである。

コーヒーブレイク

　ラプラス変換は複素数とも深い関連がある。ラプラスも人の名前である。ラプラス変換は，微分方程式を代数方程式に変換するものであり，微分方程式を解くことに威力を発揮する。2自由度系に対する計算も比較的容易にできる。

　振動には，本書で述べた内容のほかにさまざまな問題がある。例えば，**6**章の連続体の振動でも平面（平板・円板など）の振動の計算はさらに複雑となる。また，ばねは特定の力以上で引っ張ると，もとに戻らなくなる。このような場合には，運動方程式は非線形微分方程式となり，解を求めることが難しくなることがある。さらに，地震波のような不規則な振動を入力としたときの応答は，統計的に求める必要がある。このような振動を不規則振動と呼ぶ。

　これらのことを概説している機械力学の本や，さらに詳しい専門書もあるので，本書で学んだことを基礎に，いろいろな振動の問題に挑戦して欲しい。

演 習 問 題

【1】 つぎの逆ラプラス変換を求めよ。

(1) $\dfrac{s+1}{s^2+2s+5}$

(2) $\dfrac{1}{s^2+2s+10}$

(3) $\dfrac{2s+3}{s^2+6s+10}$

【2】 運動方程式が $\ddot{x}+9x=0$ で与えられ，初期条件が $x=2$，$\dot{x}=4$ であるときの応答をラプラス変換を使って求めよ。

【3】☆ 運動方程式が $\ddot{x}+4\dot{x}+8x=0$ で与えられ，初期条件が $x=-2$，$\dot{x}=1$ であるときの応答をラプラス変換を使って求めよ。また，求めた答えが与えられた初期条件を満足することを確認せよ。

【4】☆ $f(t)=at$ で与えられる力を受ける減衰のない1自由度系の応答をラプラス変換を用いて求めよ。

【5】 減衰比が 0.01 で固有振動数が $15\,\mathrm{Hz}$ である1自由度系が，振幅 $1\,\mathrm{kN}$ の正弦波入力を受けた場合の，定常応答振幅および位相角を，ラプラス変換を使って求めよ。

【6】☆ 問図 *10.1* に示す力入力を受ける2自由度系の定常応答振幅を求めよ。

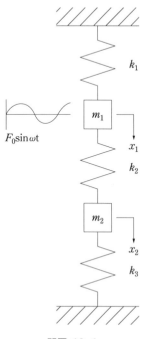

問図 *10.1*

参　考　文　献

　さらに深く機械力学を学びたい読者のためにいくつかの文献を挙げる。これ以外にも多くの本が発売されているので，読者に合ったものを探して欲しい。

1)　J. P. Den Hartog 著，谷口　修，藤井澄二 訳：工業振動論，コロナ社（1953）
2)　S. P. Timoshenko, D. H. Young, W. Weaver, Jr. 著，谷口　修，田村章義 訳：新版工業振動学，コロナ社（1977）
3)　入江敏博：機械振動学通論（第 2 版），朝倉書店（1981）
4)　鈴木浩平，曽我部潔，下坂陽男：機械力学，実教出版（1984）
5)　國枝正春：実用機械振動学，理工学社（1984）
6)　長松昭男：モード解析，培風館（1985）

　最後に，微分方程式，複素数，ラプラス変換などの数学の基礎を学びたい読者のための文献を挙げる。

1)　矢野健太郎，石原　繁：基礎解析学，裳華房（1981）

演 習 問 題 解 答

1章

【1】 （1） $\dfrac{d^2x}{dt^2} + 6\dfrac{dx}{dt} + 9x = 0$

$x = e^{\lambda t}$ とおくと

$$\lambda^2 + 6\lambda + 9 = 0$$

となり，λ について解くと

$$(\lambda + 3)^2 = 0$$

$$\therefore \quad \lambda = -3 \quad （重根）$$

式 (1.7) から

$$x = (C_1 + C_2 t)\, e^{-3t}$$

（2） $\dfrac{d^2x}{dt^2} + 2\dfrac{dx}{dt} + 2x = 0$

$x = e^{\lambda t}$ とおくと

$$\lambda^2 + 2\lambda + 2 = 0$$

となり，λ について解くと

$$\lambda = -1 \pm i$$

式 (1.8) から

$$x = e^{-t}(C_1 \cos t + C_2 \sin t)$$

（3） $\dfrac{d^2x}{dt^2} + 7\dfrac{dx}{dt} + 10x = 0$

$x = e^{\lambda t}$ とおくと

$$\lambda^2 + 7\lambda + 10 = 0$$

となり，λ について解くと

$$(\lambda + 2)(\lambda + 5) = 0$$

$$\therefore \quad \lambda = -2, -5$$

式 (1.6) から

$$x = C_1 e^{-2t} + C_2 e^{-5t}$$

【2】　$BC = \begin{bmatrix} 1 \times (-2) + 4 \times 4 & 1 \times 1 + 4 \times (-5) & 1 \times 3 + 4 \times (-3) \\ (-3) \times (-2) + 5 \times 4 & (-3) \times 1 + 5 \times (-5) & (-3) \times 3 + 5 \times (-3) \\ (-2) \times (-2) + (-1) \times 4 & (-2) \times 1 + (-1) \times (-5) & (-2) \times 3 + (-1) \times (-3) \end{bmatrix}$

$= \begin{bmatrix} 14 & -19 & -9 \\ 26 & -28 & -24 \\ 0 & 3 & -3 \end{bmatrix}$

したがって

$A + BC = \begin{bmatrix} 2+14 & -3-19 & 4-9 \\ -1+26 & 5-28 & -2-24 \\ 3-0 & 4+3 & -1-3 \end{bmatrix} = \begin{bmatrix} 16 & -22 & -5 \\ 25 & -23 & -26 \\ 3 & 7 & -4 \end{bmatrix}$

【3】　（1）　$\begin{vmatrix} 4 & -1 \\ -3 & 2 \end{vmatrix} = 4 \times 2 - (-1) \times (-3) = 8 - 3 = 5$

（2）　$\begin{vmatrix} 1 & -4 & -1 \\ -2 & 4 & 3 \\ 3 & -1 & 2 \end{vmatrix} = 1 \times 4 \times 2 + (-4) \times 3 \times 3 + (-1) \times (-1)$

$\times (-2) - (-1) \times 4 \times 3 - (-4) \times (-2) \times 2$

$- 1 \times (-1) \times 3$

$= 8 - 36 - 2 + 12 - 16 + 3 = -31$

（別解）　4×4 の行列式と同様の方法で行列式の値を求めることもできる。1
行目に着目すると

$\begin{vmatrix} 1 & -4 & -1 \\ -2 & 4 & 3 \\ 3 & -1 & 2 \end{vmatrix} = 1 \begin{vmatrix} 4 & 3 \\ -1 & 2 \end{vmatrix} - (-4) \begin{vmatrix} -2 & 3 \\ 3 & 2 \end{vmatrix} + (-1) \begin{vmatrix} -2 & 4 \\ 3 & -1 \end{vmatrix}$

$= 1 \times \{4 \times 2 - 3 \times (-1)\} - (-4) \times \{(-2) \times 2$

$- 3 \times 3\} + (-1)\{(-2) \times (-1) - 4 \times 3\}$

$= 1 \times 11 + 4 \times (-13) - 1 \times (-10)$

$= 11 - 52 + 10 = -31$

（3）　**例題 1.6** では 1 行目に着目した解答を示した。ここでは 2 行目に着目
して行列式の値を求めるが，他の行または列に着目しても同じ答になる。

$$\begin{vmatrix} 2 & -3 & 1 & 5 \\ 3 & -4 & -2 & -1 \\ -2 & 1 & 4 & -3 \\ 3 & -1 & -2 & -1 \end{vmatrix}$$

$$= -3\begin{vmatrix} -3 & 1 & 5 \\ 1 & 4 & -3 \\ -1 & -2 & -1 \end{vmatrix} + (-4)\begin{vmatrix} 2 & 1 & 5 \\ -2 & 4 & -3 \\ 3 & -2 & -1 \end{vmatrix} - (-2)\begin{vmatrix} 2 & -3 & 5 \\ -2 & 1 & -3 \\ 3 & -1 & -1 \end{vmatrix}$$

$$+ (-1)\begin{vmatrix} 2 & -3 & 1 \\ -2 & 1 & 4 \\ 3 & -1 & -2 \end{vmatrix}$$

$$= -3 \times \{(-3) \times 4 \times (-1) + 1 \times (-3) \times (-1) + 5 \times (-2) \times 1$$
$$- 5 \times 4 \times (-1) - 1 \times 1 \times (-1) - (-3) \times (-2) \times (-3)\}$$
$$- 4 \times \{2 \times 4 \times (-1) + 1 \times (-3) \times 3 + 5 \times (-2) \times (-2)$$
$$- 5 \times 4 \times 3 - 1 \times (-2) \times (-1) - 2 \times (-2) \times (-3)\}$$
$$+ 2 \times \{2 \times 1 \times (-1) \times (-3) \times (-3) \times 3 + 5 \times (-1) \times (-2)$$
$$- 5 \times 1 \times 3 - (-3) \times (-2) \times (-1) - 2 \times (-1) \times (-3)\}$$
$$- 1 \times \{2 \times 1 \times (-2) + (-3) \times 4 \times 3 + 1 \times (-1) \times (-2)$$
$$- 1 \times 1 \times 3 - (-3) \times (-2) \times (-2) - 2 \times (-1) \times 4\}$$

$$= -3 \times (12 + 3 - 10 + 20 + 1 + 18) - 4 \times (-8 - 9 + 20 - 60 - 2$$
$$- 12) + 2 \times (-2 + 27 + 10 - 15 + 6 - 6) - 1 \times (-4 - 36 + 2$$
$$- 3 + 12 + 8)$$

$$= -3 \times 44 - 4 \times (-71) + 2 \times 20 - 1 \times (-21)$$

$$= -132 + 284 + 40 + 21 = 213$$

【4】 （1） x と y の分母は

$$\begin{vmatrix} 2 & 1 \\ 1 & 2 \end{vmatrix} = 2 \times 2 - 1 \times 1 = 3$$

x の分子は

$$\begin{vmatrix} 5 & 1 \\ 4 & 2 \end{vmatrix} = 5 \times 2 - 1 \times 4 = 6$$

y の分子は

$$\begin{vmatrix} 2 & 5 \\ 1 & 4 \end{vmatrix} = 2 \times 4 - 5 \times 1 = 3$$

したがって

$$x = \frac{6}{3} = 2, \quad y = \frac{3}{3} = 1$$

（2）　$x,\ y,\ z$ の分母は

$$\begin{vmatrix} 3 & -1 & 2 \\ 2 & 1 & -3 \\ 1 & -1 & 1 \end{vmatrix} = 3 \times 1 \times 1 + (-1) \times (-3) \times 1 + 2 \times (-1) \times 2$$

$$- 2 \times 1 \times 1 - (-1) \times 2 \times 1 - 3 \times (-1) \times (-3)$$

$$= 3 + 3 - 4 - 2 + 2 - 9 = -7$$

x の分子は

$$\begin{vmatrix} -1 & -1 & 2 \\ -6 & 1 & -3 \\ -1 & -1 & 1 \end{vmatrix} = (-1) \times 1 \times 1 + (-1) \times (-3) \times (-1) + 2$$

$$\times (-1) \times (-6) - 2 \times 1 \times (-1) - (-1) \times (-6)$$

$$\times 1 - (-1) \times (-1) \times (-3)$$

$$= -1 - 3 + 12 + 2 - 6 + 3 = 7$$

y の分子は

$$\begin{vmatrix} 3 & -1 & 2 \\ 2 & -6 & -3 \\ 1 & -1 & 1 \end{vmatrix} = 3 \times (-6) \times 1 + (-1) \times (-3) \times 1 + 2 \times (-1)$$

$$\times 2 - 2 \times (-6) \times 1 - (-1) \times 2 \times 1 - 3 \times (-1)$$

$$\times (-3)$$

$$= -18 + 3 - 4 + 12 + 2 - 9 = -14$$

z の分子は

$$\begin{vmatrix} 3 & -1 & -1 \\ 2 & 1 & -6 \\ 1 & -1 & -1 \end{vmatrix} = 3 \times 1 \times (-1) + (-1) \times (-6) \times 1 + (-1) \times$$

$$(-1) \times 2 - (-1) \times 1 \times 1 - (-1) \times 2 \times (-1)$$

$$- 3 \times (-1) \times (-6)$$

$$= -3 + 6 + 2 + 1 - 2 - 18 = -14$$

したがって

$$x = \frac{7}{-7} = -1, \quad y = \frac{-14}{-7} = 2, \quad z = \frac{-14}{-7} = 2$$

【5】　式 (1.27) から求める。単位面積当りの質量を λ とする。**解図 1.1** に示す一辺の長さが，それぞれ dx および dy である微小な長方形の質量 dm は

$$dm = \lambda\, dxdy$$

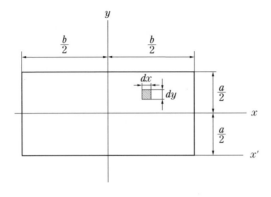

この長方形の x 軸回りの慣性モーメントは

$$\lambda y^2 dx dy$$

これを全体の面積にわたって積分すると

$$I_x = \int_{-b/2}^{b/2}\int_{-a/2}^{a/2} \lambda y^2 dy dx$$

$$= \int_{-b/2}^{b/2} \lambda \left[\frac{y^3}{3}\right]_{-a/2}^{a/2} dx$$

$$= \int_{-b/2}^{b/2} \frac{\lambda a^3}{12} dx = \left[\frac{\lambda a^3 x}{12}\right]_{-b/2}^{b/2}$$

$$= \frac{\lambda a^3 b}{12}$$

長方形全体の質量 M は

$$M = \lambda ab$$

であるから

$$I_x = \frac{Ma^2}{12}$$

一辺の長さが，それぞれ dx および dy である微小な長方形の y 軸回りの慣性モーメントは

$$\lambda x^2 dx dy$$

これを全体の面積にわたって積分すると

$$I_y = \int_{-a/2}^{a/2}\int_{-b/2}^{b/2} \lambda x^2 dx dy$$

$$= \int_{-a/2}^{a/2} \lambda \left[\frac{x^3}{3}\right]_{-b/2}^{b/2} dy$$

$$= \int_{-a/2}^{a/2} \frac{\lambda b^3}{12} dy = \left[\frac{\lambda b^3 y}{12}\right]_{-a/2}^{a/2}$$

$$= \frac{\lambda a b^3}{12}$$

長方形全体の質量 $M = \lambda a b$ を用いると

$$I_y = \frac{M b^2}{12}$$

　一辺の長さが，それぞれ dx および dy である微小な長方形の長辺（x' 軸）回りの慣性モーメントは

$$\lambda y^2 dx dy$$

この場合には y に関する積分範囲は $0 \sim a$ までとなるから，全体の面積にわたって積分すると

$$I_{x'} = \int_{-b/2}^{b/2} \int_0^a \lambda y^2 dy dx$$

$$= \int_{-b/2}^{b/2} \lambda \left[\frac{y^3}{3} \right]_0^a dx$$

$$= \int_{-b/2}^{b/2} \frac{\lambda a^3}{3} dx = \left[\frac{\lambda a^3 x}{3} \right]_{-b/2}^{b/2}$$

$$= \frac{\lambda a^3 b}{3}$$

長方形全体の質量 $M = \lambda a b$ を用いると

$$I_{x'} = \frac{M a^2}{3}$$

【6】　棒の単位長さ当りの質量を γ とする。**解図 1.2** に示すように，棒の一端 O から ξ 離れた位置の長さ $d\xi$ の棒の質量 dm は $\gamma\, d\xi$ である。垂直な軸からの長さ r は**解図 1.2** のように $\xi \sin\theta$ となる。したがって，棒のこの部分の慣性モーメント $r^2 dm$ を棒の長さ全体にわたって積分すると

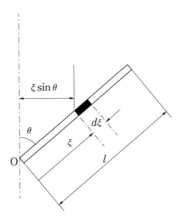

解図 1.2

$$Io = \int_0^l r^2 dm = \int_0^l (\xi \sin \theta)^2 \gamma \xi = \gamma \sin^2 \theta \int_0^l \xi^2 d\xi$$

$$= \gamma \sin^2 \theta \left| \frac{\xi^3}{3} \right|_0^l = \frac{\gamma l^3 \sin^2 \theta}{3}$$

$M = \gamma l$ であるから

$$Io = \frac{M l^2 \sin^2 \theta}{3}$$

2章

【1】 式(2.24)から

$$\omega_n = \sqrt{\frac{9.8}{2 \times 10^{-3}}} = 70 \text{ rad/s}$$

固有振動数は

$$f_n = \frac{\omega_n}{2\pi} = 11 \text{ Hz}$$

【2】 式(2.4)から

$$\omega_n = \sqrt{\frac{100 \times 10^3}{100}} = 31.6 \text{ rad/s}$$

固有振動数は

$$f_n = \frac{\omega_n}{2\pi} = 5.03 \text{ Hz}$$

【3】 式(2.15)で $x_0 = 0.2 \text{ m}$, $v_0 = 5 \text{ m/s}$, $\omega_n = 31.6 \text{ rad/s}$ であるから振幅は

$$X = \sqrt{0.2^2 + \left(\frac{5}{31.6}\right)^2} = 0.255 \text{ m}$$

位相角は式(2.19)から

$$\alpha = \tan^{-1}\left(\frac{5}{0.2 \times 31.6}\right) = 38.3°$$

【4】 式(2.29)から

$$\omega_n = \sqrt{\frac{9.8}{100 \times 10^{-3}}} = 9.90 \text{ rad/s}$$

固有振動数は

$$f_n = \frac{\omega_n}{2\pi} = 1.58 \text{ Hz}$$

【5】 $T_n = \frac{2\pi}{\omega_n} = 2\pi \sqrt{\frac{l}{g}}$

この式から

$$l = \frac{T_n^2}{4\pi^2} g = \frac{9.8}{4\pi^2} = 0.25 \text{ m}$$

したがって，単振り子の長さは $0.25\,\mathrm{m}$ である。

【6】 **解図 2.1** に示すように，長さ l で質量 m の一様な細い棒の，回転軸 O 回りの慣性モーメント I_1 は，**例題 1.8** から

$$I_1 = \frac{ml^2}{3}$$

長さ h で質量 M の一様な細い棒の，回転軸 O 回りの慣性モーメント I_2 は，平行軸の定理を用いると

$$I_2 = \frac{Mh^2}{12} + Ml^2$$

したがって，全体の慣性モーメント I は

$$I = I_1 + I_2 = \frac{ml^2}{3} + \frac{Mh^2}{12} + Ml^2$$

振り子を θ だけ傾けたときに，長さ l で質量 m の一様な細い棒の重心の接線方向に働く力 F_1 は

$$F_1 = mg \sin \theta$$

であるから，この力による回転軸 O 回りのモーメント M_{o1} は

$$M_{o1} = mg \sin \theta \cdot \frac{l}{2}$$

長さ h で質量 M の一様な細い棒の重心の接線方向に働く力 F_2 は

$$F_2 = Mg \sin \theta$$

であるから，この力による回転軸 O 回りのモーメント M_{o2} は

$$M_{o2} = Mg \sin\theta \cdot l$$

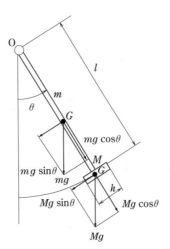

解図 *2.1*

両方の棒による回転軸 O 回りのモーメント M_O は

$$M_O = M_{O1} + M_{O2} = mg\frac{l}{2}\sin\theta + Mgl\sin\theta$$

このモーメントは，θ を減らす方向へ働くから，運動方程式は

$$\left(\frac{ml^2}{3} + \frac{Mh^2}{12} + Ml^2\right)\ddot{\theta} = -mg\frac{l}{2}\sin\theta - Mgl\sin\theta$$

$$\left(\frac{ml^2}{3} + \frac{Mh^2}{12} + Ml^2\right)\ddot{\theta} + \left(mg\frac{l}{2} + Mgl\right)\sin\theta = 0$$

θ は十分小さいとすると

$$\left(\frac{ml^2}{3} + \frac{Mh^2}{12} + Ml^2\right)\ddot{\theta} + \left(mg\frac{l}{2} + Mgl\right)\theta = 0$$

固有円振動数 ω_n は

$$\omega_n = \sqrt{\frac{mg\dfrac{l}{2} + Mgl}{\dfrac{ml^2}{3} + \dfrac{Mh^2}{12} + Ml^2}}$$

【7】 減衰比は式 (2.46) から

$$\zeta = \frac{100}{2\sqrt{50\times500\times10^3}} = 0.01$$

式 (2.4) から

$$\omega_n = \sqrt{\frac{500\times10^3}{50}} = 100\,\text{rad/s}$$

固有振動数は

$$f_n = \frac{\omega_n}{2\pi} = 15.9\,\text{Hz}$$

減衰固有振動数は式 (2.65) の関係を用いて

$$f_d = \sqrt{1 - \zeta^2}\,f_n = \sqrt{1 - (0.01)^2}\times15.9 = 15.9\,\text{Hz}$$

【8】 式 (2.61) で $x_0 = 0.1\,\text{m}$，$v_0 = 6\,\text{m/s}$，$\zeta = 0.01$，$\omega_n = 100\,\text{rad/s}$ であるから D は

$$D = \sqrt{\frac{0.1^2\times100^2 + 6^2 + 2\times6\times0.01\times100\times0.1}{(1 - 0.01^2)\times100^2}} = \sqrt{\frac{137.2}{9\,999}}$$

$$= 0.117\,\text{m}$$

式 (2.62) から α は

$$\alpha = \tan^{-1}\left(\frac{6 + 0.01\times100\times0.1}{0.1\times\sqrt{1 - 0.01^2}\times100}\right) = 31.4°$$

【9】 (1) 式 (2.77) から

$$\zeta = \frac{\log \dfrac{1}{0.5}}{2\pi \times 20} = 0.005\,52$$

（2）　式(2.77)から

$$\zeta = \frac{\log \dfrac{1}{1 - 0.6}}{2\pi \times 10} = 0.014\,6$$

（3）　式(2.77)から

$$\zeta = \frac{\log \dfrac{1}{0.3}}{2\pi \times 15} = 0.012\,8$$

【10】 減衰のない1自由度系の単位インパルス応答関数は，式(2.83)で与えられる。この場合の応答は式(2.86)から

$$
\begin{aligned}
x &= \int_0^t \frac{1}{m\omega_n} \sin \omega_n(t - \tau) \cdot a\tau \, d\tau \\
&= \left[\frac{a\tau}{m\omega_n{}^2} \cos \omega_n(t - \tau) \right]_0^t - \int_0^t \frac{a}{m\omega_n{}^2} \cos \omega_n(t - \tau) \, d\tau \\
&= \left[\frac{a\tau}{m\omega_n{}^2} \cos \omega_n(t - \tau) \right]_0^t + \left[\frac{a}{m\omega_n{}^3} \sin \omega_n(t - \tau) \right]_0^t \\
&= \frac{at}{m\omega_n{}^2} - \frac{a}{m\omega_n{}^3} \sin \omega_n t \\
&= \frac{a}{k}\left(t - \frac{1}{\omega_n} \sin \omega_n t \right)
\end{aligned}
$$

【11】 $0 \leqq t \leqq t_1$ の区間では，力は作用していないから $x = 0$ である。$t_1 \leqq t$ では**例題 2.7** と同様の積分で次式となる。

$$
\begin{aligned}
x &= \int_{t_1}^t \frac{1}{m\omega_n} \sin \omega_n(t - \tau) \cdot F d\tau \\
&= \frac{F}{m\omega_n{}^2} [\cos \omega_n(t - \tau)]_{t_1}^t \\
&= \frac{F}{m\omega_n{}^2} \{1 - \cos \omega_n(t - t_1)\} \\
&= \frac{F}{k} \{1 - \cos \omega_n(t - t_1)\}
\end{aligned}
$$

$t \geqq t_2$ では，力は作用しないから，$x(t_2)$，$\dot{x}(t_2)$ を初期条件とする自由振動をする。ここでは，$t \geqq t_2$ では $f(t) = F$ で表される力が引続き作用し，同時に $f(t) = -F$ で表される力が作用するものと考える。$t \geqq t_2$ では，$f(t) = -F$ で表される力が作用する場合の応答を x' とすると

$$x' = \int_{t_2}^t \frac{1}{m\omega_n} \sin \omega_n(t - \tau) \cdot (-F) \, d\tau$$

$$= \frac{-F}{m\omega_n{}^2}[\cos \omega_n(t - \tau)]_{t_2}^{t}$$

$$= \frac{-F}{m\omega_n{}^2}\{1 - \cos \omega_n(t - t_2)\}$$

$$= \frac{-F}{k}\{1 - \cos \omega_n(t - t_2)\}$$

$t \geqq t_2$ での応答は $0 \leqq t \leqq t_1$ の区間で求めた応答と x' の和であるから

$$x = \frac{F}{k}\{1 - \cos \omega_n(t - t_1)\} - \frac{F}{k}\{1 - \cos \omega_n(t - t_2)\}$$

$$= \frac{F}{k}\{\cos \omega_n(t - t_2) - \cos \omega_n(t - t_1)\}$$

したがって

$$\begin{cases} x = 0 \quad (0 \leqq t \leqq t_1) \\ x = \dfrac{F}{k}\{1 - \cos \omega_n(t - t_1)\} \quad (t_1 \leqq t \leqq t_2) \\ x = \dfrac{F}{k}\{\cos \omega_n(t - t_2) - \cos \omega_n(t - t_1)\} \quad (t \geqq t_2) \end{cases}$$

3章

【1】 固有円振動数は

$$\omega_n = \sqrt{\frac{500 \times 10^3}{50}} = 100 \, \mathrm{rad/s}$$

減衰比は

$$\zeta = \frac{100}{2\sqrt{50 \times 500 \times 10^3}} = 0.01$$

入力の円振動数は

$$\omega = 2\pi \times 20 = 126 \, \mathrm{rad/s}$$

定常応答振幅 X_s は，式(3.15)から

$$X_s = \frac{500/50}{\sqrt{(100^2 - 126^2)^2 + (2 \times 0.01 \times 100 \times 126)^2}}$$

$$= 1.70 \times 10^{-3} \, \mathrm{m} = 1.70 \, \mathrm{mm}$$

位相角は式(3.16)から

$$\phi = -\tan^{-1}\left(\frac{2 \times 0.01 \times 100 \times 126}{100^2 - 126^2}\right)$$

$$= -3.10 \, \mathrm{rad} \quad (= -178°)$$

(注) 電卓では$\tan^{-1}$の値を第4象限から第1象限にかけての $-90°$ から $90°$ の間で表示するものが多い。位相角を計算する際に分母が負のときには

第 2 象限か第 3 象限での角度であるので，注意する必要がある。具体的には求まった値に 180° を加えればよい。【1】では電卓では $-2.46°$ と表示されるので，180° を加えて 178° とし，位相の遅れを表す $-$ を付けて $-178°$ とする（【2】も同様）。

【2】　固有円振動数は

$$\omega_n = \sqrt{\frac{500 \times 10^3}{50}} = 100 \, \text{rad/s}$$

減衰比は

$$\zeta = \frac{100}{2\sqrt{50 \times 500 \times 10^3}} = 0.01$$

入力の円振動数は

$$\omega = 2\pi \times 20 = 126 \, \text{rad/s}$$

式 (3.40) を利用すると，定常応答振幅 X_s は

$$X_s = \sqrt{\frac{100^4 + (2 \times 0.01 \times 100 \times 126)^2}{(100^2 - 126^2)^2 + (2 \times 0.01 \times 100 \times 126)^2}} \times 10^{-3}$$
$$= 1.70 \times 10^{-3} \, \text{m} = 1.70 \, \text{mm}$$

位相角は式 (3.39) から

$$\phi = -\tan^{-1}\left\{\frac{2 \times 0.01 \times 100 \times 126^3}{(100^2 - 126^2) \times 100^2 + (2 \times 0.01 \times 100 \times 126)^2}\right\}$$
$$= -3.07 \, \text{rad} \ (-176°)$$

【3】　(a)　式 (3.19) から

$$Q = \frac{\omega_n}{\omega_2 - \omega_1}$$
$$= \frac{1}{\omega_2/\omega_n - \omega_1/\omega_n}$$
$$= \frac{1}{1.02 - 0.98} = 25$$

　減衰比は，式 (3.20) から

$$\zeta = \frac{1}{2Q} = \frac{1}{2 \times 25} = 0.02$$

(b)　振動数 f〔Hz〕と円振動数 ω〔rad/s〕のあいだには

$$\omega = 2\pi f$$

の関係があるから，式 (3.19) から

$$Q = \frac{\omega_n}{\omega_2 - \omega_1} = \frac{2\pi f_n}{2\pi f_2 - 2\pi f_1} = \frac{f_n}{f_2 - f_1}$$

となる。設問の図から $f_n = 20 \, \text{Hz}$，$f_2 = 20.6 \, \text{Hz}$，$f_1 = 19.4 \, \text{Hz}$ である。この式から

$$Q = \frac{20}{20.6 - 19.4} = 16.7$$

減衰比は，式(*3.20*)から

$$\zeta = \frac{1}{2Q} = \frac{1}{2 \times 16.7} = 0.03$$

【4】 $\omega_n = \sqrt{\dfrac{500\,000}{50}} = 100\,\text{rad/s}, \quad \omega = 2\pi \times 15 = 94.2\,\text{rad/s}$

$$\therefore \quad \frac{\omega}{\omega_n} = \frac{94.2}{100} = 0.942$$

式(*3.17*)から

$$\frac{1}{\sqrt{(1 - 0.942^2)^2 + (2 \times \zeta \times 0.942)^2}} < 2$$

$$\frac{1}{(1 - 0.942^2)^2 + (2 \times \zeta \times 0.942)^2} < 4$$

$$\frac{1}{0.012\,7 + 3.55\zeta^2} < 4$$

$$\zeta^2 > 0.066\,8$$

$$\zeta > 0.259$$

$$c = 2\zeta\sqrt{mk} \times = 2 \times 0.259 \times \sqrt{50 \times 500\,000} = 2\,590\,\text{Ns/m}$$

【5】 入力の振幅が1mであり，減衰比 $\zeta = 0$ であるから，定常振動の応答の振幅は式(*3.40*)を用いると

$$X_s = \frac{1}{(1 - 0.5^2)}1.33\,\text{m}$$

位相角は式(*3.41*)から

$$\phi = -\tan^{-1}\left\{\frac{0}{1 - 0.5^2}\right\} = 0$$

したがって，式(*3.37*)から

$$x_s = 1.33\sin 5t\,\text{(m)}$$

この場合の応答は，式(*3.29*)から式(*3.27*)を満たす解と上述した解 x_s の和となる。 $\omega_n = 10\,\text{rad/s}$, $\zeta = 0$ であるから，x_c は式(*2.9*)を用いると

$$x_c = c_1\cos 10t + c_2\sin 10t$$

したがって，応答は次式で表される。

$$x = x_c + x_s = c_1\cos \omega 10t + c_2\sin 10t + 1.33\sin 5t \qquad (1)$$

初期条件から c_1 と c_2 を求める。

$$\dot{x} = -10c_1\sin 10t + 10c_2\cos 10t + 6.65\cos 5t \qquad (2)$$

式(*1*)および式(*2*)に初期条件を代入すると，$c_1 = 0.2$, $10c_2 + 6.65 = 4$ であるから

$$c_2 = -0.265$$

したがって

$$x = 0.2 \cos \omega 10t - 0.265 \sin 10t + 1.33 \sin 5t \ \text{[m]}$$

【6】　$t = 0$ で $x = 0$ であることから

$$c_1 + A = 0$$

したがって

$$c_1 = -A$$

また

$$\dot{x} = -\zeta\omega_n e^{-\zeta\omega_n t}(c_1 \cos\sqrt{1-\zeta^2}\,\omega_n t + c_2 \sin\sqrt{1-\zeta^2}\,\omega_n t)$$
$$\quad - e^{-\zeta\omega_n t}\sqrt{1-\zeta^2}\,\omega_n(c_1 \sin\sqrt{1-\zeta^2}\,\omega_n t - c_2 \cos\sqrt{1-\zeta^2}\,\omega_n t)$$
$$\quad - \omega A \sin\omega t + \omega B \cos\omega t$$

$t = 0$ で $\dot{x} = 0$ であることから

$$-\zeta\omega_n c_1 + \sqrt{1-\zeta^2}\,\omega_n c_2 + \omega B = 0$$

であるから

$$c_2 = \frac{\zeta\omega_n c_1 - \omega B}{\sqrt{1-\zeta^2}\,\omega_n} = \frac{-\zeta\omega_n A - \omega B}{\sqrt{1-\zeta^2}\,\omega_n}$$

【7】　式 (3.17) で $\omega/\omega_n = a$ とおくと

$$\frac{X_s}{X_{st}} = \frac{1}{\sqrt{(1-a^2)^2 + (2\zeta a)^2}} \qquad\qquad (a)$$

a で微分して 0 とおくと

$$-\frac{1}{2}\frac{2(1-a^2)(-2a) + 2(2\zeta a)2\zeta}{\{(1-a^2)^2 + (2\zeta a)^2\}\sqrt{(1-a^2)^2 + (2\zeta a)^2}} = 0$$

振幅倍率は $a = 0$ では最大とならないから，$a \neq 0$ である。したがって

$$a^2 - 1 + 2\zeta^2 = 0$$

となるから，つぎの条件で振幅倍率は最大となる。

$$a = \sqrt{1-2\zeta^2}$$

(注)　上式は ζ が 0.71 を超えると成立しない。これは，ζ が 0.71 を超えると振幅倍率はピークをもたなくなるためである。

式 (a) に上記で求めた a を代入すると，振幅倍率の最大値はつぎのようになる。

$$\left(\frac{X_s}{X_{st}}\right)_{\max} = \frac{1}{\sqrt{\{1-(1-2\zeta^2)\}^2 + 4\zeta^2(1-2\zeta^2)}}$$
$$= \frac{1}{\sqrt{4\zeta^4 + 4\zeta^2(1-2\zeta^2)}} = \frac{1}{\sqrt{4\zeta^2 - 4\zeta^4}} = \frac{1}{2\zeta\sqrt{1-\zeta^2}}$$

【8】　$\dfrac{1}{\sqrt{(1-a^2)^2+(2\zeta a)^2}}=\dfrac{1}{\sqrt{2}}\dfrac{1}{2\zeta\sqrt{1-\zeta^2}}$

となるときの a を求めればよい。両辺を自乗すると

$$\frac{1}{(1-a^2)^2+(2\zeta a)^2}=\frac{1}{8\zeta^2(1-\zeta^2)}$$

$$a^4+(4\zeta^2-2)\,a^2+1-8\zeta^2+8\zeta^4=0$$

$$a^2=1-2\zeta^2\pm 2\zeta\sqrt{1-\zeta^2}$$

したがって，図 **3.4** の ω_1/ω_n および ω_2/ω_n は次式のようになる。

$$\frac{\omega_1}{\omega_n}=\sqrt{1-2\zeta^2-2\zeta\sqrt{1-\zeta^2}}\,,\quad \frac{\omega_2}{\omega_n}=\sqrt{1-2\zeta^2+2\zeta\sqrt{1-\zeta^2}}$$

(注)　上式の ω_1/ω_n は減衰比 ζ が 0.38 を超えると成立しない。これは ζ が 0.38 を超えると振幅倍率が 1.4 すなわち $\sqrt{2}$ 以下となる。そのために，ピークの左側で振幅倍率がピークの $1/\sqrt{2}$ となる点がないためである。

ζ が小さいと，$-2\zeta^2-2\zeta\sqrt{1-\zeta^2}$ は 1 と比べて小さいからつぎの近似が成り立つ。

$$\frac{\omega_1}{\omega_n}=1-\zeta^2-\zeta\sqrt{1-\zeta^2}\,,\qquad \frac{\omega_2}{\omega_n}=1-\zeta^2+\zeta\sqrt{1-\zeta^2}$$

両方の式から

$$\frac{\omega_2}{\omega_n}-\frac{\omega_1}{\omega_n}=2\zeta\sqrt{1-\zeta^2}\approx 2\zeta$$

したがって

$$\zeta=\frac{\dfrac{\omega_2}{\omega_n}-\dfrac{\omega_1}{\omega_n}}{2}$$

(注)　**解図 3.1** に示すように，減衰比が大きくなると半パワー法で求めた値は与えられた減衰比より大きくなる。

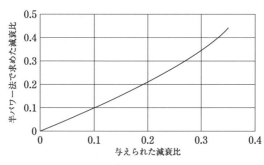

解図 **3.1**

【9】 式(3.40)に $\omega/\omega_n = \sqrt{2}$ を代入すると

$$\frac{X_s}{Y} = \sqrt{\frac{1 + (2\sqrt{2}\,\zeta)^2}{(1 - \sqrt{2}^{\,2})^2 + (2\sqrt{2}\,\zeta)^2}} = \sqrt{\frac{1 + (2\sqrt{2}\,\zeta)^2}{1 + (2\sqrt{2}\,\zeta)^2}} = 1$$

【10】 位相角が $-90°$ になるのは，式(3.41)の分母が 0 となるときである。
$\omega/\omega_n = a$ とおくと

$$1 - a^2 + (2\zeta a)^2 = 0$$

$$1 - a^2(1 - 4\zeta^2) = 0$$

$$a^2 = \frac{1}{1 - 4\zeta^2}$$

$$a = \frac{1}{\sqrt{1 - 4\zeta^2}}$$

（注）　上式は ζ が 0.5 以上では成立しない。ζ が 0.5 以上では位相角は $-90°$ になることはなく，位相曲線で $0°$ から ω/ω_n が大きくなると $-90°$ に収束する。

4 章

【1】 式(4.17)から

$$\Omega_1^2 = \frac{40\,000 + 20\,000}{200} = 300, \qquad \Omega_2^2 = \frac{20\,000}{100} = 200,$$

$$\Omega_{12}^4 = \frac{20\,000^2}{200 \times 100} = 20\,000$$

であるから，式(4.19)から

$$\omega^2 = \frac{300 + 200 \mp \sqrt{(300 - 200)^2 + 4 \times 20\,000}}{2} = \begin{cases} 100 \\ 400 \end{cases}$$

したがって，Ⅰ次の固有円指導数とⅡ次の固有円振動数は $\omega_{\mathrm{I}} = 10\ \mathrm{rad/s}$，
$\omega_{\mathrm{II}} = 20\ \mathrm{rad/s}$ となる。

Ⅰ次の固有振動モードは，式(4.22)から

$$r_{\mathrm{I}} = \frac{40\,000 + 20\,000 - 100 \times 200}{20\,000} = 2$$

Ⅱ次の固有振動モードは，式(4.23)から

$$r_{\mathrm{II}} = \frac{40\,000 + 20\,000 - 400 \times 200}{20\,000} = -1$$

【2】 （1）　式(4.24)から

$$\left. \begin{array}{l} x_1 = X_{\mathrm{I}1}\sin(\omega_{\mathrm{I}}t + \phi_{\mathrm{I}}) + X_{\mathrm{II}1}\sin(\omega_{\mathrm{II}}t + \phi_{\mathrm{II}}) \\ x_2 = r_{\mathrm{I}}X_{\mathrm{I}1}\sin(\omega_{\mathrm{I}}t + \phi_{\mathrm{I}}) + r_{\mathrm{II}}X_{\mathrm{II}1}\sin(\omega_{\mathrm{II}}t + \phi_{\mathrm{II}}) \end{array} \right\} \qquad (1)$$

速度はつぎのように表される。

$$\left.\begin{array}{l} \dot{x}_1 = \omega_{\text{I}} X_{\text{I}1} \cos(\omega_{\text{I}} t + \phi_{\text{I}}) + \omega_{\text{II}} X_{\text{II}1} \cos(\omega_{\text{II}} t + \phi_{\text{II}}) \\ \dot{x}_2 = r_{\text{I}} \omega_{\text{I}} X_{\text{I}1} \cos(\omega_{\text{I}} t + \phi_{\text{I}}) + r_{\text{II}} \omega_{\text{II}} X_{\text{II}1} \cos(\omega_{\text{II}} t + \phi_{\text{II}}) \end{array}\right\} (2)$$

$t = 0$ として，$\omega_{\text{I}} = 10\text{rad/s}$, $\omega_{\text{II}} = 20\text{rad/s}$, $r_{\text{I}} = 2$, $r_{\text{II}} = -1$ を代入すると

$$\left.\begin{array}{l} X_{\text{I}1} \sin \phi_{\text{I}} + X_{\text{II}1} \sin \phi_{\text{II}} = 1 \\ 2X_{\text{I}1} \sin \phi_{\text{I}} - X_{\text{II}1} \sin \phi_{\text{II}} = 2 \end{array}\right\} (3)$$

$$\left.\begin{array}{l} 10X_{\text{I}1} \cos \phi_{\text{I}} + 20X_{\text{II}1} \cos \phi_{\text{II}} = 0 \\ 20X_{\text{I}1} \cos \phi_{\text{I}} - 20X_{\text{II}1} \cos \phi_{\text{II}} = 0 \end{array}\right\} (4)$$

式 (3) から

$$\left.\begin{array}{l} X_{\text{I}1} \sin \phi_{\text{I}} = 1 \\ X_{\text{II}1} \sin \phi_{\text{II}} = 0 \end{array}\right\} (5)$$

式 (4) から

$$\left.\begin{array}{l} X_{\text{I}1} \cos \phi_{\text{I}} = 0 \\ X_{\text{II}1} \cos \phi_{\text{II}} = 0 \end{array}\right\} (6)$$

式 (1) を展開すると

$$\left.\begin{array}{l} x_1 = X_{\text{I}1} (\sin 10t \cos \phi_{\text{I}} + \cos 10t \sin \phi_{\text{I}}) \\ \quad + X_{\text{II}1} (\sin 20t \cos \phi_{\text{II}} + \cos 20t \sin \phi_{\text{II}}) \\ x_2 = 2X_{\text{I}1} (\sin 10t \cos \phi_{\text{I}} + \cos 10t \sin \phi_{\text{I}}) \\ \quad - X_{\text{II}1} (\sin 20t \cos \phi_{\text{II}} + \cos 20t \sin \phi_{\text{II}}) \end{array}\right\} (7)$$

式 (7) に式 (5) および式 (6) を代入すると

$$\left.\begin{array}{l} x_1 = \cos 10t \ \text{〔mm〕} \\ x_2 = 2 \cos 10t \ \text{〔mm〕} \end{array}\right\} (8)$$

(2) 【 2 】 の式 (1) および式 (2) に $t = 0$ として，$\omega_{\text{I}} = 10 \text{ rad/s}$,
$\omega_{\text{II}} = 20 \text{ rad/s}$, $r_{\text{I}} = 2$, $r_{\text{II}} = -1$ を代入すると

$$\left.\begin{array}{l} X_{\text{I}1} \sin \phi_{\text{I}} + X_{\text{II}1} \sin \phi_{\text{II}} = 0.6 \\ 2X_{\text{I}1} \sin \phi_{\text{I}} - X_{\text{II}1} \sin \phi_{\text{II}} = -0.6 \end{array}\right\} (1)$$

$$\left.\begin{array}{l} 10X_{\text{I}1} \cos \phi_{\text{I}} + 20X_{\text{II}1} \cos \phi_{\text{II}} = 0 \\ 20X_{\text{I}1} \cos \phi_{\text{I}} - 20X_{\text{II}1} \cos \phi_{\text{II}} = 0 \end{array}\right\} (2)$$

式 (1) から

$$\left.\begin{array}{l} X_{\text{I}1} \sin \phi_{\text{I}} = 0 \\ X_{\text{II}1} \sin \phi_{\text{II}} = 0.6 \end{array}\right\} (3)$$

式 (2) から

$$\left.\begin{array}{l} X_{\text{I}1} \cos \phi_{\text{I}} = 0 \\ X_{\text{II}1} \cos \phi_{\text{II}} = 0 \end{array}\right\} (4)$$

【 2 】 の式 (1) を展開すると

$$x_1 = X_{\text{I}1}(\sin 10t \cos \phi_\text{I} + \cos 10t \sin \phi_\text{I})$$
$$+ X_{\text{II}1}(\sin 20t \cos \phi_\text{II} + \cos 20t \sin \phi_\text{II})$$
$$x_2 = 2X_{\text{I}1}(\sin 10t \cos \phi_\text{I} + \cos 10t \sin \phi_\text{I})$$
$$- X_{\text{II}1}(\sin 20t \cos \phi_\text{II} + \cos 20t \sin \phi_\text{II})$$

$$(5)$$

式(5)に式(3)および式(4)を代入すると

$$x_1 = 0.6 \cos 20t \; \text{[mm]}$$
$$x_2 = -0.6 \cos 20t \; \text{[mm]}$$

$$(6)$$

【3】 **例題 *4.1*** の式(4.35)から

$$\Omega_1{}^2 = \frac{20\,000}{100} = 200, \quad \Omega_2{}^2 = \frac{20\,000}{100} = 200, \quad \Omega_{12}{}^4 = \frac{10\,000^2}{100^2} = 10\,000$$

であるから，式(4.36)から

$$\omega^2 = \frac{200 + 200 \mp \sqrt{(200 - 200)^2 + 40\,000}}{2} = \begin{cases} 100 \\ 300 \end{cases}$$

したがって，Ⅰ次の固有円振動数およびⅡ次の固有円振動数は，$\omega_\text{I} = 10$ rad/s，$\omega_\text{II} = 17.3\,\text{rad/s}$ となる。

Ⅰ次の振動モードは，式(4.37)から

$$r_\text{I} = \frac{X_2}{X_1} = \frac{10\,000 + 10\,000 - 100 \times 100}{10\,000} = 1$$

Ⅱ次の振動モードは

$$r_\text{II} = \frac{X_2}{X_1} = \frac{10\,000 + 10\,000 - 300 \times 100}{10\,000} = -1$$

【4】 【3】で求めた，$r_\text{I} = 1$，$r_\text{II} = -1$ を【2】の式（1）および式（2）に代入すると

$$x_1 = X_{\text{I}1}\sin(\omega_\text{I} t + \phi_\text{I}) + X_{\text{II}1}\sin(\omega_\text{II} t + \phi_\text{II})$$
$$x_2 = X_{\text{I}1}\sin(\omega_\text{I} t + \phi_\text{I}) - X_{\text{II}1}\sin(\omega_\text{II} t + \phi_\text{II})$$

$$(1)$$

$$\dot{x}_1 = \omega_\text{I} X_{\text{I}1}\cos(\omega_\text{I} t + \phi_\text{I}) + \omega_\text{II} X_{\text{II}1}\cos(\omega_\text{II} t + \phi_\text{II})$$
$$\dot{x}_2 = \omega_\text{I} X_{\text{I}1}\cos(\omega_\text{I} t + \phi_\text{I}) - \omega_\text{II} X_{\text{II}1}\cos(\omega_\text{II} t + \phi_\text{II})$$

$$(2)$$

初期条件を代入すると

$$0 = X_{\text{I}1}\sin \phi_\text{I} + X_{\text{II}1}\sin \phi_\text{II}$$
$$0 = X_{\text{I}1}\sin \phi_\text{I} - X_{\text{II}1}\sin \phi_\text{II}$$

$$(3)$$

$$0 = \omega_\text{I} X_{\text{I}1}\cos \phi_\text{I} + \omega_\text{II} X_{\text{II}1}\cos \phi_\text{II}$$
$$100 = \omega_\text{I} X_{\text{I}1}\cos \phi_\text{I} - \omega_\text{II} X_{\text{II}1}\cos \phi_\text{II}$$

$$(4)$$

式(3)から

$$X_{\text{I}1}\sin \phi_\text{I} = X_{\text{II}1}\sin \phi_\text{II} = 0$$

$$(5)$$

式(4)から

$$\omega_{\mathrm{I}} X_{11} \cos \phi_{\mathrm{I}} = 50, \quad \omega_{\mathrm{II}} X_{\mathrm{II}1} \cos \phi_{\mathrm{II}} = -50$$

【3】で求めた，$\omega_{\mathrm{I}} = 10 \,\mathrm{rad/s}$, $\omega_{\mathrm{II}} = 17.3 \,\mathrm{rad/s}$ を代入すると

$$X_{11} \cos \phi_{\mathrm{I}} = 5, \quad X_{\mathrm{II}1} \cos \phi_{\mathrm{II}} = -2.89 \tag{6}$$

式(1)を展開すると

$$x_1 = X_{11} \sin \omega_{\mathrm{I}} t \cos \phi_{\mathrm{I}} + X_{11} \cos \omega_{\mathrm{I}} t \sin \phi_{\mathrm{I}}$$
$$+ X_{\mathrm{II}1} \sin \omega_{\mathrm{II}} t \cos \phi_{\mathrm{II}} + X_{\mathrm{II}1} \cos \omega_{\mathrm{II}} t \sin \phi_{\mathrm{II}}$$
$$x_2 = X_{11} \sin \omega_{\mathrm{I}} t \cos \phi_{\mathrm{I}} + X_{11} \cos \omega_{\mathrm{I}} t \sin \phi_{\mathrm{I}}$$
$$- X_{\mathrm{II}1} \sin \omega_{\mathrm{II}} t \cos \phi_{\mathrm{II}} - X_{\mathrm{II}1} \cos \omega_{\mathrm{II}} t \sin \phi_{\mathrm{II}}$$

式(5)および式(6)を代入し，【3】で求めた ω_{I} および ω_{II} の値を用いると

$$x_1 = 5 \sin 10t - 2.89 \sin 17.3t \,[\mathrm{mm}]$$
$$x_2 = 5 \sin 10t + 2.89 \sin 17.3t \,[\mathrm{mm}]$$

【5】 $\omega_1{}^2 = \dfrac{k_1}{m_1} = \dfrac{20\,000}{100} = 200, \ \omega_2{}^2 = \dfrac{k_2}{m_2} = \dfrac{5\,000}{20} = 250, \ \omega^2 = (2\pi \times 2)^2 = 158 \,\mathrm{rad/s}$

であるから，式(4.47)から

$$\frac{X_{s1}}{X_{st}} = \frac{1 - \dfrac{158}{250}}{\left(1 + \dfrac{5\,000}{20\,000} - \dfrac{158}{200}\right)\left(1 - \dfrac{158}{250}\right) - \dfrac{5\,000}{20\,000}} = -4.56$$

$$\frac{X_{s2}}{X_{st}} = \frac{1}{\left(1 + \dfrac{5\,000}{20\,000} - \dfrac{158}{200}\right)\left(1 - \dfrac{158}{250}\right) - \dfrac{5\,000}{20\,000}} = -12.39$$

振幅倍率がいずれも負であることから，どちらの質点の定常応答も入力と逆位相となっていることを表している。

【6】 $\omega_1{}^2 = \dfrac{40\,000}{200} = 200, \ \omega_1{}^2 = \dfrac{20\,000}{200} = 200, \ \omega^2 = (2\pi \times 4)^2 = 632,$

$\dfrac{k_2}{k_1} = \dfrac{20\,000}{40\,000} = 0.5$

これらの値を式(4.56)の両辺に Y を乗じた式に代入すると

$$X_{s1} = \frac{1 - \dfrac{632}{200}}{\left(1 + 0.5 - \dfrac{632}{200}\right)\left(1 - \dfrac{632}{200}\right) - 0.5} \times 0.025 = -0.017\,5 \,\mathrm{m}$$

$$X_{s2} = \frac{1}{\left(1 + 0.5 - \dfrac{632}{200}\right)\left(1 - \dfrac{632}{200}\right) - 0.5} \times 0.025 = 0.008\,12 \,\mathrm{m}$$

X_{s1} が - であることは，入力と逆位相であることを示している。

5章

【1】 運動方程式は

$$\begin{cases} m_1\ddot{x} + k_1x_1 + k_2(x_1 - x_2) = 0 \\ m_2\ddot{x}_2 + k_2(x_2 - x_1) = 0 \end{cases}$$

であるから，質量行列 M および剛性行列 K は

$$M = \begin{bmatrix} m_1 & 0 \\ 0 & m_2 \end{bmatrix}, \quad K = \begin{bmatrix} k_1 + k_2 & -k_2 \\ -k_2 & k_2 \end{bmatrix}$$

となり，質量行列 M および剛性行列 K にそれぞれ数値を代入すると

$$M = \begin{bmatrix} 200 & 0 \\ 0 & 100 \end{bmatrix}, \quad K = \begin{bmatrix} 60\,000 & -20\,000 \\ -20\,000 & 20\,000 \end{bmatrix}$$

式(5.8)から固有ベクトルは

$$\phi_{\mathrm{I}} = \begin{Bmatrix} 1 \\ 2 \end{Bmatrix}, \quad \phi_{\mathrm{II}} = \begin{Bmatrix} 1 \\ -1 \end{Bmatrix}$$

これらを式(5.12)および式(5.13)に代入すると

$$M_{\mathrm{I}} = \{1 \quad 2\} \begin{bmatrix} 200 & 0 \\ 0 & 100 \end{bmatrix} \begin{Bmatrix} 1 \\ 2 \end{Bmatrix} = \{200 \quad 200\} \begin{Bmatrix} 1 \\ 2 \end{Bmatrix} = 200 + 400 = 600 \text{ kg}$$

$$M_{\mathrm{II}} = \{1 \quad -1\} \begin{bmatrix} 200 & 0 \\ 0 & 100 \end{bmatrix} \begin{Bmatrix} 1 \\ -1 \end{Bmatrix} = \{200 \quad -100\} \begin{Bmatrix} 1 \\ -1 \end{Bmatrix}$$
$$= 200 + 100 = 300 \text{ kg}$$

$$K_{\mathrm{I}} = \{1 \quad 2\} \begin{bmatrix} 60\,000 & -20\,000 \\ -20\,000 & 20\,000 \end{bmatrix} \begin{Bmatrix} 1 \\ 2 \end{Bmatrix} = \{20\,000 \quad 20\,000\} \begin{Bmatrix} 1 \\ 2 \end{Bmatrix}$$
$$= 20\,000 + 40\,000 = 60\,000 \text{ N/m}$$

$$K_{\mathrm{II}} = \{1 \quad -1\} \begin{bmatrix} 60\,000 & -20\,000 \\ -20\,000 & 20\,000 \end{bmatrix} \begin{Bmatrix} 1 \\ -1 \end{Bmatrix} = \{80\,000 \quad -40\,000\} \begin{Bmatrix} 1 \\ -1 \end{Bmatrix}$$
$$= 80\,000 + 40\,000 = 120\,000 \text{ N/m}$$

【2】 運動方程式は

$$\begin{cases} m_1\ddot{x}_1 + k_1x_1 + k_2(x_1 - x_2) = 0 \\ m_2\ddot{x}_2 + k_2(x_2 - x_1) + k_3x_2 = 0 \end{cases}$$

であるから，質量行列 M および剛性行列 K は

$$M = \begin{bmatrix} m_1 & 0 \\ 0 & m_2 \end{bmatrix}, \quad K = \begin{bmatrix} k_1 + k_2 & -k_2 \\ -k_2 & k_2 + k_3 \end{bmatrix}$$

となり，質量行列 M および剛性行列 K にそれぞれ数値を代入すると

$$M = \begin{bmatrix} 100 & 0 \\ 0 & 100 \end{bmatrix}, \quad K = \begin{bmatrix} 20\,000 & -10\,000 \\ -10\,000 & 20\,000 \end{bmatrix}$$

式(5.8)から固有ベクトルは

$$\phi_{\mathrm{I}} = \left\{ \begin{matrix} 1 \\ 1 \end{matrix} \right\}, \quad \phi_{\mathrm{II}} = \left\{ \begin{matrix} 1 \\ -1 \end{matrix} \right\}$$

これらを式(5.10)～(5.13)に代入すると

$$\phi_{\mathrm{I}}{}^{T}M\phi_{\mathrm{II}} = \{1 \quad 1\} \begin{bmatrix} 100 & 0 \\ 0 & 100 \end{bmatrix} \left\{ \begin{matrix} 1 \\ -1 \end{matrix} \right\} = \{100 \quad 100\} \left\{ \begin{matrix} 1 \\ -1 \end{matrix} \right\}$$

$$= 100 - 100 = 0$$

$$\phi_{\mathrm{II}}{}^{T}M\phi_{\mathrm{I}} = \{1 \quad -1\} \begin{bmatrix} 100 & 0 \\ 0 & 100 \end{bmatrix} \left\{ \begin{matrix} 1 \\ 1 \end{matrix} \right\} = \{100 \quad -100\} \left\{ \begin{matrix} 1 \\ 1 \end{matrix} \right\}$$

$$= 100 - 100 = 0$$

$$\phi_{\mathrm{I}}{}^{T}K\phi_{\mathrm{II}} = \{1 \quad 1\} \begin{bmatrix} 20\,000 & -10\,000 \\ -10\,000 & 20\,000 \end{bmatrix} \left\{ \begin{matrix} 1 \\ -1 \end{matrix} \right\}$$

$$= \{20\,000 - 10\,000 \quad -10\,000 + 20\,000\} \left\{ \begin{matrix} 1 \\ -1 \end{matrix} \right\}$$

$$= \{10\,000 \quad 10\,000\} \left\{ \begin{matrix} 1 \\ -1 \end{matrix} \right\}$$

$$= 10\,000 - 10\,000 = 0$$

$$\phi_{\mathrm{II}}{}^{T}K\phi_{\mathrm{I}} = \{1 \quad -1\} \begin{bmatrix} 20\,000 & -10\,000 \\ -10\,000 & 20\,000 \end{bmatrix} \left\{ \begin{matrix} 1 \\ 1 \end{matrix} \right\}$$

$$= \{30\,000 \quad -30\,000\} \left\{ \begin{matrix} 1 \\ 1 \end{matrix} \right\}$$

$$= 30\,000 - 30\,000 = 0$$

$$\phi_{\mathrm{I}}{}^{T}M\phi_{\mathrm{I}} = \{1 \quad 1\} \begin{bmatrix} 100 & 0 \\ 0 & 100 \end{bmatrix} \left\{ \begin{matrix} 1 \\ 1 \end{matrix} \right\} = \{100 \quad 100\} \left\{ \begin{matrix} 1 \\ 1 \end{matrix} \right\}$$

$$= 100 + 100 = 200 = M_{\mathrm{I}}$$

$$\phi_{\mathrm{II}}{}^{T}M\phi_{\mathrm{II}} = \{1 \quad -1\} \begin{bmatrix} 100 & 0 \\ 0 & 100 \end{bmatrix} \left\{ \begin{matrix} 1 \\ -1 \end{matrix} \right\} = \{100 \quad -100\} \left\{ \begin{matrix} 1 \\ -1 \end{matrix} \right\}$$

$$= 100 + 100 = 200 = M_{\mathrm{II}}$$

$$\phi_{\mathrm{I}}{}^{T}K\phi_{\mathrm{I}} = \{1 \quad 1\} \begin{bmatrix} 20\,000 & -10\,000 \\ -10\,000 & 20\,000 \end{bmatrix} \left\{ \begin{matrix} 1 \\ 1 \end{matrix} \right\}$$

$$= \{20\,000 - 10\,000 \quad -10\,000 + 20\,000\} \left\{ \begin{matrix} 1 \\ 1 \end{matrix} \right\}$$

$$= \{10\,000 \quad 10\,000\} \left\{ \begin{matrix} 1 \\ 1 \end{matrix} \right\}$$

$$= 10\,000 + 10\,000 = 20\,000 = K_{\text{I}}$$

$$\boldsymbol{\phi}_{\text{II}}{}^T \boldsymbol{K} \boldsymbol{\phi}_{\text{II}} = \{1 \quad -1\} \begin{bmatrix} 20\,000 & -10\,000 \\ -10\,000 & 20\,000 \end{bmatrix} \begin{Bmatrix} 1 \\ -1 \end{Bmatrix}$$

$$= \{30\,000 \quad -30\,000\} \begin{Bmatrix} 1 \\ -1 \end{Bmatrix}$$

$$= 30\,000 + 30\,000 = 60\,000 = K_{\text{II}}$$

式 (5.14) から

$$\omega_{\text{I}} = \sqrt{\frac{K_{\text{I}}}{M_{\text{I}}}} = \sqrt{\frac{20\,000}{200}} = 10\,\text{rad/s}$$

$$\omega_{\text{II}} = \sqrt{\frac{K_{\text{II}}}{M_{\text{II}}}} = \sqrt{\frac{60\,000}{200}} = 17.3\,\text{rad/s}$$

したがって，Ⅰ次とⅡ次の固有円振動数の値は，**4章**の**演習問題【1】**の結果と一致する。

【3】 運動方程式は

$$\begin{cases} m_1 \ddot{x}_1 + k_1 x_1 + k_2 (x_1 - x_2) = 0 \\ m_2 \ddot{x}_2 + k_2 (x_2 - x_1) + k_3 x_2 = F \sin \omega t \end{cases}$$

であるから，これを行列表示すると

$$\begin{bmatrix} m_1 & 0 \\ 0 & m_2 \end{bmatrix} \begin{Bmatrix} \ddot{x}_1 \\ \ddot{x}_2 \end{Bmatrix} + \begin{bmatrix} k_1 + k_2 & -k_2 \\ -k_2 & k_2 + k_3 \end{bmatrix} \begin{Bmatrix} x_1 \\ x_2 \end{Bmatrix} = \begin{Bmatrix} 0 \\ F \sin \omega t \end{Bmatrix}$$

したがって，力ベクトルは

$$\boldsymbol{F} = \begin{Bmatrix} 0 \\ F \sin \omega t \end{Bmatrix} = \begin{Bmatrix} 0 \\ 50\,000 \sin 5t \end{Bmatrix}$$

固有ベクトルは

$$\boldsymbol{\phi}_{\text{I}} = \begin{Bmatrix} 1 \\ 1 \end{Bmatrix}, \quad \boldsymbol{\phi}_{\text{II}} = \begin{Bmatrix} 1 \\ -1 \end{Bmatrix}$$

質量行列 $\boldsymbol{M}$ と剛性行列 $\boldsymbol{K}$ は

$$\boldsymbol{M} = \begin{bmatrix} 100 & 0 \\ 0 & 100 \end{bmatrix}, \quad \boldsymbol{K} = \begin{bmatrix} 20\,000 & -10\,000 \\ -10\,000 & 20\,000 \end{bmatrix}$$

であるから，式 (5.12) および式 (5.13) から $M_{\text{I}} = 200\,\text{kg}$, $K_{\text{I}} = 20\,000\,\text{N/m}$, $M_{\text{II}} = 200\,\text{kg}$, $K_{\text{II}} = 60\,000\,\text{N/m}$ である。また

$$\boldsymbol{\phi}_{\text{I}}{}^T \boldsymbol{F} = F_{\text{I}} = \{1 \quad 1\} \begin{Bmatrix} 0 \\ 50\,000 \sin 5t \end{Bmatrix} = 50\,000 \sin 5t$$

$$\boldsymbol{\phi}_{\text{II}}{}^T \boldsymbol{F} = F_{\text{II}} = \{1 \quad -1\} \begin{Bmatrix} 0 \\ 50\,000 \sin 5t \end{Bmatrix} = -50\,000 \sin 5t$$

さらに $\omega = 5\,\mathrm{rad/s}$ であるから，これらを式(5.26)に代入すると

$$q_{\mathrm{I}} = \frac{50\,000\sin 5t}{20\,000 - 200 \times 5^2} = 3.33\sin 5t$$

$$q_{\mathrm{II}} = \frac{-50\,000\sin 5t}{60\,000 - 200 \times 5^2} = -0.91\sin 5t$$

式(5.21)から

$$\begin{Bmatrix} x_1 \\ x_2 \end{Bmatrix} = \begin{Bmatrix} 1 \\ 1 \end{Bmatrix} 3.33\sin 5t + \begin{Bmatrix} 1 \\ -1 \end{Bmatrix} (-0.91\sin 5t)$$

したがって

$$x_1 = 3.33\sin 5t - 0.91\sin 5t = 2.42\sin 5t \;\;〔\mathrm{m}〕$$

$$x_2 = 3.33\sin 5t + 0.91\sin 5t = 4.24\sin 5t \;\;〔\mathrm{m}〕$$

6 章

【1】 固有円振動数は，式(6.15)から

$$\omega_i = \frac{i\pi c}{l} \qquad (i = \mathrm{I},\ \mathrm{II},\ \mathrm{III},\ \cdots) \tag{1}$$

式(6.5)から

$$c = \sqrt{\frac{T}{\rho A}}$$

ρA が$1\,\mathrm{m}$当りの質量であるから

$$c = \sqrt{\frac{20}{0.2}} = 10$$

$l = 1.5\,\mathrm{m}$ であるから，これらを式(1)に代入し，2π で割ると I 次の固有振動数は

$$f_{\mathrm{I}} = \frac{\omega_{\mathrm{I}}}{2\pi} = \frac{\pi \times 10}{2\pi \times 1.5} = 3.3\,\mathrm{Hz}$$

同様にII次およびIII次の固有振動数は

$$f_{\mathrm{II}} = \frac{\omega_{\mathrm{II}}}{2\pi} = \frac{2 \times \pi \times 10}{2\pi \times 1.5} = 6.7\,\mathrm{Hz}$$

$$f_{\mathrm{III}} = \frac{\omega_{\mathrm{III}}}{2\pi} = \frac{3 \times \pi \times 10}{2\pi \times 1.5} = 10\,\mathrm{Hz}$$

【2】 弦の振動の式(6.6)と同様に，運動方程式(6.23)の解を次式のように仮定する。

$$u = U(x)G(t) \tag{1}$$

$U(x)$は式(6.11)と同様に次式のようになる。

$$U(x) = A \cos\frac{\omega}{c}x + B \sin\frac{\omega}{c}x \qquad (2)$$

$x = 0$ で固定されているので，棒の伸びが 0 であることから $u = 0$ すなわち $U(x) = 0$ となる。一方，$x = l$ で自由であるのでひずみが 0 となる。したがって，$\partial u/\partial x = 0$ すなわち，$dU(x)/dx = 0$ となる（$U(x)$ は x のみの関数であるから，全微分であらわしてよい）。

$$\frac{dU(x)}{dx} = -\frac{\omega}{c}\left(A \sin\frac{\omega}{c}x - B \cos\frac{\omega}{c}x \right) \qquad (3)$$

である。$x = 0$ のときの条件 $U(x) = 0$ から

$$A = 0 \qquad (4)$$

$x = l$ のときの条件 $dU(x)/dx = 0$ から

$$A \sin\frac{\omega}{c}l - B \cos\frac{\omega}{c}l = 0 \qquad (5)$$

式（4）および式（5）から

$$B \cos\frac{\omega}{c}l = 0 \qquad (6)$$

$B \neq 0$ であるから

$$\cos\frac{\omega}{c}l = 0 \qquad (7)$$

したがって

$$\frac{\omega_i}{c}l = \frac{2i-1}{2}\pi \quad (i = \text{I}, \text{II}, \text{III}, \cdots\cdots) \qquad (8)$$

変形して

$$\omega_i = \frac{2i-1}{2}\frac{c}{l}\pi \quad (i = \text{I}, \text{II}, \text{III}, \cdots\cdots) \qquad (9)$$

したがって，固有振動モードは，式（2）および式（4），式（9）を用いて

$$U_i(x) = B_i \sin\frac{2i-1}{2l}\pi x \quad (i = \text{I}, \text{II}, \text{III}, \cdots\cdots) \qquad (10)$$

【3】　式（6.24）から

$$c = \sqrt{\frac{E}{\rho}} = \sqrt{\frac{206 \times 10^9}{7\,900}} = 5\,106 \text{ m/s}$$

固有振動数は【2】の式（9）から求めた ω_i を 2π で割ることにより

$$f_\text{I} = \frac{1}{2\pi}\frac{1}{2}\frac{5\,106}{2}\pi = 638 \text{ Hz}$$

$$f_\text{II} = \frac{1}{2\pi}\frac{3}{2}\frac{5\,106}{2}\pi = 1\,910 \text{ Hz}$$

$$f_\text{III} = \frac{1}{2\pi}\frac{5}{2}\frac{5\,106}{2}\pi = 3\,190 \text{ Hz}$$

【4】 弦の振動の式(6.6)と同様に，運動方程式(6.36)の解を次式のように仮定する。

$$y = Y(x)G(t) \tag{1}$$

$Y(x)$は式(6.11)と同様に次式のようになる。

$$Y(x) = A \cos \frac{\omega}{c}x + B \sin \frac{\omega}{c}x \tag{2}$$

両端 ($x = 0$ および $x = l$) で自由であることから，両端でせん断応力が0である。したがって，せん断ひずみが0であることから $\partial y/\partial x = 0$すなわち，$dY(x)/dx = 0$となる（$Y(x)$は$x$のみの関数であるから，【2】と同様に全微分で表してよい）。

$$\frac{dY(x)}{dx} = -\frac{\omega}{c}\left(A \sin \frac{\omega}{c}x - B \cos \frac{\omega}{c}x\right) \tag{3}$$

であるから，$x = 0$のときの条件から

$$B = 0 \tag{4}$$

$x = l$のときの条件から

$$A \sin \frac{\omega}{c}l - B \cos \frac{\omega}{c}l = 0 \tag{5}$$

式(4)および式(5)から

$$A \sin \frac{\omega}{c}l = 0 \tag{6}$$

$A \neq 0$であるから

$$\sin \frac{\omega}{c}l = 0 \tag{7}$$

したがって

$$\frac{\omega_i}{c}l = i\pi \quad (i = \text{I, II, III, ……}) \tag{8}$$

変形して，

$$\omega_i = \frac{i\pi c}{l} \quad (i = \text{I, II, III, ……}) \tag{9}$$

したがって，固有振動モードは，式(2)および式(4)，式(9)を用いて

$$Y_i(x) = A_i \cos \frac{i\pi x}{l} \quad (i = \text{I, II, III, ……}) \tag{10}$$

【5】 式(6.55)から

$$Y(x) = C_1 \cos \beta x + C_2 \sin \beta x + C_3 \cosh \beta x + C_4 \sinh \beta x \tag{1}$$

境界条件は，$x = 0$ および $x = l$ で変位（たわみ）$Y(x) = 0$であり，曲げモーメントは

$$EI \frac{d^2 Y(x)}{dx^2} = 0$$

となる。すなわち

$$\frac{d^2 Y(x)}{dx^2} = 0$$

である。両端で変位が 0 であることから，式(1)に $x = 0$ および $x = l$ を代入すると

$$0 = C_1 + C_3 \tag{2}$$

$$0 = C_1 \cos \beta l + C_2 \sin \beta l + C_3 \cosh \beta l + C_4 \sinh \beta l \tag{3}$$

例題 6.1 の式(6.60)から

$$\frac{d^2 Y(x)}{dx^2} = - \beta^2 C_1 \cos \beta x - \beta^2 C_2 \sin \beta x$$
$$+ \beta^2 C_3 \cosh \beta x + \beta^2 C_4 \sinh \beta x \tag{4}$$

式(4)に $x = 0$ および $x = l$ を代入し，両辺を β^2 で割ると

$$0 = - C_1 + C_3 \tag{5}$$

$$0 = - C_1 \cos \beta l - C_2 \sin \beta l + C_3 \cosh \beta l + C_4 \sinh \beta l \tag{6}$$

式(2)および式(5)から

$$C_1 = C_3 = 0 \tag{7}$$

式(3)および式(6)に代入すると

$$0 = C_2 \sin \beta l + C_4 \sinh \beta l \tag{8}$$

$$0 = - C_2 \sin \beta l + C_4 \sinh \beta l \tag{9}$$

式(8)，(9)の両辺を加えると

$$2 C_4 \sinh \beta l = 0 \tag{10}$$

$\sinh \beta l = 0$ を満たす解は $\beta l = 0$ であり，この条件では固有振動数が $0\,\mathrm{Hz}$ となってしまう。したがって，$C_4 = 0$ でなければならない。したがって，式(8)から

$$C_2 \sin \beta l = 0 \tag{11}$$

となり，C_2 も 0 であると固有振動モードが 0 となってしまうから，$C_2 \neq 0$ である。したがって

$$\sin \beta l = 0 \tag{12}$$

でなければならない。$\beta l = \lambda$ とおくと，式(12)の解は

$$\lambda_i = i\pi \quad (i = \mathrm{I},\ \mathrm{II},\ \mathrm{III},\ \cdots) \tag{13}$$

式(6.44)および(6.49)から

$$\omega_i = \frac{\lambda_i{}^2}{l^2} \sqrt{\frac{EI}{\rho A}} \tag{14}$$

固有振動数は

$$f_i = \frac{\omega_i}{2\pi} = \frac{1}{2\pi} \cdot \frac{\lambda_i^2}{l^2} \sqrt{\frac{EI}{\rho A}} \qquad (15)$$

式(13)を式(15)に代入すると，Ⅰ次，Ⅱ次およびⅢ次の固有振動数は

$$f_{\mathrm{I}} = \frac{\pi}{2l^2} \sqrt{\frac{EI}{\rho A}}, \quad f_{\mathrm{II}} = \frac{2\pi}{l^2} \sqrt{\frac{EI}{\rho A}}, \quad f_{\mathrm{III}} = \frac{9\pi}{2l^2} \sqrt{\frac{EI}{\rho A}}$$

式(13)を用いると $\beta = i\pi/l$ であるから，固有振動モードは

$$Y_i(x) = \sin \frac{i\pi}{l} x \qquad (16)$$

Ⅰ次，Ⅱ次およびⅢ次の固有振動モードは

$$Y_{\mathrm{I}}(x) = \sin \frac{\pi}{l} x, \quad Y_{\mathrm{II}}(x) = \sin \frac{2\pi}{l} x, \quad Y_{\mathrm{III}}(x) = \sin \frac{3\pi}{l} x$$

【6】 **例題 6.1** の式(6.69)から

$$\omega_i = \frac{\lambda_i^2}{l^2} \sqrt{\frac{EI}{\rho A}} \qquad (i = \mathrm{I}, \ \mathrm{II}, \ \mathrm{III}, \ \cdots)$$

また，$\lambda_1 = 1.875$, $\lambda_2 = 4.694$, $\lambda_3 = 7.885$ であることから，Ⅱ次の固有振動数とⅠ次の固有振動数の比は

$$\frac{f_{\mathrm{II}}}{f_{\mathrm{I}}} = \frac{\omega_{\mathrm{II}}}{\omega_{\mathrm{I}}} = \frac{\lambda_{\mathrm{II}}^2}{\lambda_{\mathrm{I}}^2} = \frac{4.694^2}{1.875^2} = 6.27$$

Ⅲ次の固有振動数とⅠ次の固有振動数の比は

$$\frac{f_{\mathrm{III}}}{f_{\mathrm{I}}} = \frac{\omega_{\mathrm{III}}}{\omega_{\mathrm{I}}} = \frac{\lambda_{\mathrm{III}}^2}{\lambda_{\mathrm{I}}^2} = \frac{7.885^2}{1.875^2} = 17.7$$

【7】 固有振動数を $f_i (i = \mathrm{I}, \ \mathrm{II}, \ \mathrm{III}, \ \cdots\cdots)$ とすると，式(6.69)を用いて

$$f_i = \frac{1}{2\pi} \frac{\lambda_i^2}{l^2} \sqrt{\frac{EI}{\rho A}} \qquad (i = \mathrm{I}, \ \mathrm{II}, \ \mathrm{III}, \ \cdots\cdots) \qquad (1)$$

この式で

$$I = \frac{bh^3}{12} = \frac{0.01 \times 0.004^3}{12} = 5.33 \times 10^{-11}\,\mathrm{m^4}$$

$$A = bh = 0.01 \times 0.004 = 4 \times 10^{-5}\,\mathrm{m^4}$$

さらに，式(6.69)のつぎの行に示したように

$$\lambda_1 = 1.875, \quad \lambda_2 = 4.694, \quad \lambda_3 = 7.855$$

したがって

$$\sqrt{\frac{EI}{\rho A}} = \sqrt{\frac{70 \times 10^9 \times 5.33 \times 10^{-11}}{2\,700 \times 4 \times 10^{-5}}} = 5.88\,\mathrm{m^2/s}$$

これらの値を式(1)に代入すると

$$f_1 = \frac{1}{2\pi} \frac{1.875^2}{0.15^2} \times 5.88 = 146\,\mathrm{Hz}$$

$$f_{\mathrm{II}} = \frac{1}{2\pi}\frac{4.694^2}{0.15^2} \times 5.88 = 916\ \mathrm{Hz}$$

$$f_{\mathrm{III}} = \frac{1}{2\pi}\frac{7.855^2}{0.15^2} \times 5.88 = 2\,570\ \mathrm{Hz}$$

7章

【1】 $\omega_n = \sqrt{\dfrac{20\,000}{5}} = 63.2\ \mathrm{rad/s}$

である。危険速度は式(7.9)から

$$N_c = \frac{60 \times 63.2}{2\pi} = 604\ \mathrm{rpm}$$

式(7.8)から

$$e = \frac{1 - \left(\dfrac{\omega}{\omega_n}\right)^2}{\left(\dfrac{\omega}{\omega_n}\right)^2}X$$

$\omega = \dfrac{1\,000 \times 2\pi}{60} = 105\ \mathrm{rad/s}$ であり，$X = 0.1\ \mathrm{mm}$ であるから

$$e = \left|\frac{1 - \left(\dfrac{105}{63.2}\right)^2}{\left(\dfrac{105}{63.2}\right)^2}\right| \times 0.1 = 0.063\,8\ \mathrm{mm}$$

【2】 $I = \dfrac{\pi d^4}{64} = \dfrac{\pi \times 0.01^4}{64} = 4.91 \times 10^{-10}\mathrm{m}^4$

例題 7.1 から

$$N_c = \frac{30}{\pi}\sqrt{\frac{192 \times 206 \times 10^9 \times 4.91 \times 10^{-10}}{10 \times 0.5^3}} = 1\,190\ \mathrm{rpm}$$

【3】 はりの先端のたわみ δ は，曲げ剛性を EI とすると

$$\delta = \frac{mg}{3EI}l^3$$

ばね定数 k は

$$k = \frac{3EI}{l^3}$$

固有円振動数 ω_n は

$$\omega_n = \sqrt{\frac{3EI}{ml^3}}$$

したがって，危険速度は式(7.9)から

$$N_c = \frac{30}{\pi}\sqrt{\frac{3EI}{ml^3}}\quad \mathrm{rpm}$$

【4】 $\omega = 2\pi \times 400/60 = 41.9\,\text{rad/s}$

$$\omega_n = \sqrt{\frac{40\,000}{20}} = 44.7\,\text{rad/s}$$

したがって

$$\frac{\omega}{\omega_n} = \frac{41.9}{44.7} = 0.937$$

質量比は

$$\gamma = \frac{m}{M} = \frac{0.5}{20} = 0.025$$

であるから，式(7.18)から

$$\frac{0.937^2}{\sqrt{(1-0.937^2)^2 + (2 \times \zeta \times 0.937)^2}} \times 0.025 \times 10 < 1.5$$

$$\frac{0.937^4}{(1-0.937^2)^2 + (2 \times \zeta \times 0.937)^2} \times (0.025 \times 10)^2 < 1.5^2$$

$$\frac{0.048\,2}{0.014\,9 + \zeta^2} < 2.25$$

$$\zeta^2 > 1.86 \times 10^{-3}$$

$$\zeta > 0.043\,1$$

【5】 回転数を N〔rpm〕，円振動数を ω〔rad/s〕とすると，式(7.9)からつぎの式が得られる。

$$\omega = \frac{2\pi N}{60}$$

遠心力は質量を m，中心からの距離を r とすると，$mr\omega^2$ である。ω は

$$\omega = \frac{2\pi \times 600}{60} = 62.8\,\text{rad/s}$$

遠心力は

$$0.01 \times 0.02 \times 62.8^2 = 0.79\,\text{N}$$

不釣合い量は

$$10 \times 2 = 20\,\text{gcm}$$

であり，これを中心から $15\,\text{mm}$ のところで釣り合わせるから，取り付けるおもりの質量は

$$\frac{20}{1.5} = 13.3\,\text{g}$$

【6】 左の支持端を1の面，右の支持端を2の面とすると，$m_1 r_1 = 20\,\text{gcm}$，$m_2 r_2 = 15\,\text{gcm}$，$\theta_1 = 120°$，$\theta_2 = 270°$，$l_1 = 0\,\text{cm}$，$l_2 = 30\,\text{cm}$，$l_A = 5\,\text{cm}$，$l_B = 25\,\text{cm}$ であるから，式(7.23)から式(7.26)を用いると

$$U_A \cos \theta_A = \frac{(25 - 0) \times 20 \cos 120° + (25 - 30) \times 15 \cos 270°}{5 - 25}$$

$$= 12.5\,\text{gcm}$$

$$U_A \sin \theta_A = \frac{(25 - 0) \times 20 \sin 120° + (25 - 30) \times 15 \sin 270°}{5 - 25}$$

$$= -25.4\,\text{gcm}$$

$$U_B \cos \theta_B = \frac{(5 - 0) \times 20 \cos 120° + (5 - 30) \times 15 \cos 270°}{25 - 5}$$

$$= -2.5\,\text{gcm}$$

$$U_B \sin \theta_B = \frac{(5 - 0) \times 20 \sin 120° + (5 - 30) \times 15 \sin 270°}{25 - 5}$$

$$= 23.1\,\text{gcm}$$

U_A, U_B および取付け角度は式(7.27), (7.28)より

$$U_A = \sqrt{(12.5)^2 + (-25.4)^2} = 28.3\,\text{gcm}$$

$$\theta_A = \tan^{-1}\left(\frac{-25.4}{12.5}\right) = 296°$$

$$U_B = \sqrt{(-2.5)^2 + (23.1)^2} = 23.2\,\text{gcm}$$

$$\theta_B = \tan^{-1}\left(\frac{23.1}{-2.5}\right) = 96°$$

外周に付加質量を取り付けるから半径は5cmである。したがってAおよびB に取り付ける付加質量をそれぞれ m_A および m_B とすると

$$m_A = \frac{28.3}{5} = 5.66\,\text{g}, \quad m_B = \frac{23.2}{5} = 4.64\,\text{g}$$

8章

【1】 式(8.6)で

$$\frac{\omega}{\omega_n} = \frac{2\pi f}{2\pi f_n} = \frac{10}{5} = 2$$

であるから

$$P = \sqrt{\frac{1 + (2 \times 0.05 \times 2)^2}{(1 - 2^2)^2 + (2 \times 0.05 \times 2)^2}} \times 150 = 50.9\,\text{N}$$

【2】 力の伝達率は式(8.6)で $\zeta = 0$ とすると，つぎのようになる。

$$\frac{1}{\sqrt{\left\{1 - \left(\frac{\omega}{\omega_n}\right)^2\right\}^2}} < 0.5$$

$$\frac{1}{\left\{1 - \left(\dfrac{\omega}{\omega_n}\right)^2\right\}^2} < 0.25$$

$$0.25\left\{\left(\frac{\omega}{\omega_n}\right)^4 - 2\left(\frac{\omega}{\omega_n}\right)^2 + 1\right\} > 1$$

$$\left(\frac{\omega}{\omega_n}\right)^4 - 2\left(\frac{\omega}{\omega_n}\right)^2 - 3 > 0$$

$(\omega/\omega_n)^2 > 0$ であるから

$$\left(\frac{\omega}{\omega_n}\right)^2 > 3$$

したがって

$$\frac{\omega}{\omega_n} > 1.73$$

入力の振動数が $10\,\mathrm{Hz}$ であるから，$\omega = 20\pi = 62.8\,\mathrm{rad/s}$ となる。したがって

$$\omega_n = \sqrt{\frac{k}{m}} < \frac{62.8}{1.73} = 36.3\,\mathrm{rad/s}$$

質量 m が $100\,\mathrm{kg}$ であるから

$$k < 36.3^2 \times 100 = 132\,000\,\mathrm{N/m}$$

したがって，ばね定数を $132\,\mathrm{kN/m}$ 以下にすれば力の伝達率を 0.5 以下にすることができる。

【3】 式(8.8)から

$$\sqrt{\frac{1 + \left(0.02\,\dfrac{\omega}{\omega_n}\right)^2}{\left\{1 - \left(\dfrac{\omega}{\omega_n}\right)^2\right\}^2 + \left(0.02\,\dfrac{\omega}{\omega_n}\right)^2}} < 2$$

$$\frac{1 + \left(0.02\,\dfrac{\omega}{\omega_n}\right)^2}{\left\{1 - \left(\dfrac{\omega}{\omega_n}\right)^2\right\}^2 + \left(0.02\,\dfrac{\omega}{\omega_n}\right)^2} < 4$$

この式を整理すると

$$\left(\frac{\omega}{\omega_n}\right)^4 - 2\left(\frac{\omega}{\omega_n}\right)^2 + 0.75 > 0$$

したがって

$$\left(\frac{\omega}{\omega_n}\right)^2 < 0.5 \quad \text{または,} \quad \left(\frac{\omega}{\omega_n}\right)^2 > 1.5$$

であるから

$$\frac{\omega}{\omega_n} < 0.71 \quad \text{または,} \quad \frac{\omega}{\omega_n} > 1.22$$

入力の振動数 f が $10\,\mathrm{Hz}$ であるから，固有振動数を f_n とすると

$$\frac{\omega}{\omega_n} = \frac{2\pi f}{2\pi f_n} = \frac{f}{f_n}$$

である。したがって

$$\frac{f}{f_n} < 0.71 \quad \text{または,} \quad \frac{f}{f_n} > 1.22$$

$f = 10\,\mathrm{Hz}$ であるから

$$f_n > 14.1\,\mathrm{Hz} \quad \text{または} \quad f_n < 8.2\,\mathrm{Hz}$$

とすれば応答と入力の振幅比を 2 以下にすることができる。

　同様に，応答と入力の振幅比を 0.5 以下としたい場合には

$$\sqrt{\frac{1 + \left(0.02\,\dfrac{\omega}{\omega_n}\right)^2}{\left\{1 - \left(\dfrac{\omega}{\omega_n}\right)^2\right\}^2 + \left(0.02\,\dfrac{\omega}{\omega_n}\right)^2}} < 0.5$$

$$\frac{1 + \left(0.02\,\dfrac{\omega}{\omega_n}\right)^2}{\left\{1 - \left(\dfrac{\omega}{\omega_n}\right)^2\right\}^2 + \left(0.02\,\dfrac{\omega}{\omega_n}\right)^2} < 0.25$$

この式を整理すると

$$\left(\frac{\omega}{\omega_n}\right)^4 - 2\left(\frac{\omega}{\omega_n}\right)^2 - 3 > 0$$

$$\left(\frac{\omega}{\omega_n}\right)^2 > 0$$

であるから

$$\left(\frac{\omega}{\omega_n}\right)^2 > 3$$

である。したがって

$$\frac{\omega}{\omega_n} = \frac{f}{f_n} > 1.73$$

入力の振動数 f が $10\,\mathrm{Hz}$ であるから

$$f_n < 5.8\,\mathrm{Hz}$$

とすれば応答と入力の振幅比を 0.5 以下にすることができる。

【4】 $\omega_1 = \omega_2$ であることから，それぞれ主振動系および動吸振器の振幅倍率である式 $(8.10\ a)$ および式 $(8.10\ b)$ はつぎのようになる。

$$\frac{X_{s1}}{X_{st}} = \frac{1 - \left(\frac{\omega}{\omega_1}\right)^2}{\left\{1 + \gamma - \left(\frac{\omega}{\omega_1}\right)^2\right\}\left\{1 - \left(\frac{\omega}{\omega_1}\right)^2\right\} - \gamma}$$

$$\frac{X_{s2}}{X_{st}} = \frac{1}{\left\{1 + \gamma - \left(\frac{\omega}{\omega_1}\right)^2\right\}\left\{1 - \left(\frac{\omega}{\omega_1}\right)^2\right\} - \gamma}$$

これらの式を用いるとつぎのようになる。

（ 1 ）　$\dfrac{X_{s1}}{X_{st}} = \dfrac{1 - 0.95^2}{(1 + 0.1 - 0.95^2)(1 - 0.95^2) - 0.1} = -1.21$

$\dfrac{X_{s2}}{X_{st}} = \dfrac{1}{(1 + 0.1 - 0.95^2)(1 - 0.95^2) - 0.1} = -12.4$

（ 2 ）　$\dfrac{X_{s1}}{X_{st}} = 0$

$\dfrac{X_{s2}}{X_{st}} = \dfrac{1}{-0.1} = -10.0$

（ 3 ）　$\dfrac{X_{s1}}{X_{st}} = \dfrac{1 - 1.05^2}{(1 + 0.1 - 1.05^2)(1 - 1.05^2) - 0.1} = 1.03$

$\dfrac{X_{s2}}{X_{st}} = \dfrac{1}{(1 + 0.1 - 1.05^2)(1 - 1.05^2) - 0.1} = -10.0$

－ は入力と逆位相であることを示している。

【 5 】　動吸振器と主振動体の質量比が $\gamma = 0.15$ であるから，式(8.31)から最適な動吸振器と主振動体の固有振動数比は

$$\nu_{opt} = \frac{1}{1 + \gamma} = 0.87$$

最適な動吸振器の減衰比は，式(8.36)から

$$\zeta_{opt} = \sqrt{\frac{3\gamma}{8(1 + \gamma)^3}} = 0.19$$

【 6 】　式(8.32)で $\gamma = 0.15$ とすればよいから

$$p_1{}^2 = \frac{1 - \sqrt{\dfrac{0.15}{0.15 + 2}}}{1 + 0.5} = 0.640$$

$$p_2{}^2 = \frac{1 + \sqrt{\dfrac{0.5}{0.15 + 2}}}{1 + 0.5} = 1.10$$

点 P および点 Q における入力の振動数と主振動体の固有振動数の比はそれぞれ

$$p_1 = 0.80, \quad p_2 = 1.05$$

点 P および点 Q における主振動体の振幅倍率は式(8.33)から

$$\frac{X_1}{X_{st}} = \sqrt{1 + \frac{2}{0.15}} = 3.78$$

【7】 フードダンパと主振動体の質量比が $\gamma = 0.9$ であるから，式 (8.51) から最適な減衰比は

$$\zeta_{\text{opt}} = \sqrt{\frac{1}{2(2 + \gamma)(1 + \gamma)}} = 0.30$$

【8】 式 (8.49) で $\gamma = 0.9$ とすればよいから

$$p^2 = \frac{2}{2 + 0.9} = 0.690$$

点 P における入力の振動数と主振動体の固有振動数の比は

$$p = 0.830$$

点 P および点 Q における主振動体の振幅倍率は式 (8.50) から

$$\frac{X_1}{X_{st}} = \frac{2 + 0.9}{0.9} = 3.22$$

9 章

【1】 （1） $|z| = \sqrt{4^2 + (-5)^2} = 6.4$

$$\arg(z) = \tan^{-1}\left(\frac{-5}{4}\right) = 5.39 \,\text{rad} \, (=309°)$$

極形式は

$$z = 6.4(\cos 5.39 + i \sin 5.39)$$

（2） $|z| = \sqrt{(-3)^2 + 2^2} = 3.6$

$$\arg(z) = \tan^{-1}\left(\frac{2}{-3}\right) = 2.55 \,\text{rad} \, (= 146°)$$

極形式は

$$z = 3.6(\cos 2.55 + i \sin 2.55)$$

【2】 $z = 2\left(\cos\frac{\pi}{4} + i \sin\frac{\pi}{4}\right), \ w = 3\left(\cos\frac{\pi}{6} + i \sin\frac{\pi}{6}\right)$

であるから

$$zw = 2 \times 3\left\{\cos\left(\frac{\pi}{4} + \frac{\pi}{6}\right) + i \sin\left(\frac{\pi}{4} + \frac{\pi}{6}\right)\right\}$$

$$= 6\left(\cos\frac{5\pi}{12} + i \sin\frac{5\pi}{12}\right)$$

$$\frac{z}{w} = \frac{2}{3}\left\{\cos\left(\frac{\pi}{4} - \frac{\pi}{6}\right) + i \sin\left(\frac{\pi}{4} - \frac{\pi}{6}\right)\right\}$$

$$= \frac{2}{3}\left(\cos\frac{\pi}{12} + i \sin\frac{\pi}{12}\right)$$

【3】 $z = a + bi, \ w = c + di$ とおくと

$$|zw| = |(a + bi)(c + di)| = |(ac - bd) + (ad + bc)i|$$
$$= \sqrt{(ac - bd)^2 + (ad + bc)^2}$$
$$= \sqrt{a^2c^2 - 2abcd + b^2d^2 + a^2d^2 + 2abcd + b^2c^2}$$
$$= \sqrt{a^2(c^2 + d^2) + b^2(c^2 + d^2)}$$
$$= \sqrt{(a^2 + b^2)(c^2 + d^2)}$$
$$= \sqrt{a^2 + b^2}\sqrt{c^2 + d^2}$$
$$= |z||w|$$

【4】 $x = Xe^{i\omega t}$ とおくと，$\dot{x} = i\omega Xe^{i\omega t}$ および $\ddot{x} = -\omega^2 Xe^{i\omega t}$ である。右辺を $50e^{i\omega t}$ とおき，これらを運動方程式に代入すると

$$-\omega^2 Xe^{i\omega t} + 0.1\, i\omega Xe^{i\omega t} + 100\, Xe^{i\omega t} = 50e^{i\omega t}$$

両辺を $e^{i\omega t}$ で割ると

$$\{(100 - \omega^2) + 0.1\omega i\}X = 50$$

$$X = \frac{50}{(100 - \omega^2) + 0.1\omega i}$$

定常応答振幅は絶対値であるから

$$|X| = \frac{50}{\sqrt{(100 - \omega^2)^2 + (0.1\omega)^2}}$$

位相角は偏角であるから

$$\phi = -\tan^{-1}\left(\frac{0.1\omega}{100 - \omega^2}\right)$$

10 章

【1】 （1） $\dfrac{s + 1}{s^2 + 2s + 5} = \dfrac{s + 1}{(s + 1)^2 + 2^2}$

逆ラプラス変換を行うと

$$e^{-t}\cos 2t$$

（2） $\dfrac{1}{s^2 + 2s + 10} = \dfrac{1}{3} \cdot \dfrac{3}{(s + 1)^2 + 3^2}$

逆ラプラス変換を行うと

$$\frac{1}{3}e^{-t}\sin 3t$$

（3） $\dfrac{2s + 3}{s^2 + 6s + 10} = \dfrac{2(s + 3)}{(s + 3)^2 + 1^2} - \dfrac{3}{(s + 3)^2 + 1^2}$

逆ラプラス変換を行うと

$$e^{-3t}(2\cos t - 3\sin t)$$

【2】 運動方程式をラプラス変換すると

$$s^2 X(s) - sx(0) - \dot{x}(0) + 9X(s) = 0$$

初期条件を代入して整理すると

$$s^2 X(s) - 2s - 4 + 9X(s) = 0$$

$$X(s) = \frac{2s}{s^2 + 9} + \frac{4}{3} \cdot \frac{3}{s^2 + 9}$$

逆ラプラス変換すると

$$x = 2\cos 3t + \frac{4}{3}\sin 3t$$

【3】 運動方程式をラプラス変換すると

$$s^2 X(s) - sx(0) - \dot{x}(0) + 4\{sX(s) - x(0)\} + 8X(s) = 0$$

初期条件を代入して整理すると

$$s^2 X(s) + 2s - 1 + 4\{sX(s) + 2\} + 8X(s) = 0$$

$$(s^2 + 4s + 8)X(s) = -2s - 7$$

$$X(s) = -\frac{2s + 7}{s^2 + 4s + 8}$$

$$= -\frac{2(s + 2)}{(s + 2)^2 + 4} - \frac{3}{(s + 2)^2 + 4}$$

$$= -\frac{2(s + 2)}{(s + 2)^2 + 4} - \frac{3}{2}\frac{2}{(s + 2)^2 + 4}$$

逆ラプラス変換すると

$$x = -2e^{-2t}\cos 2t - \frac{3}{2}e^{-2t}\sin 2t$$

上式を微分すると

$$\dot{x} = 4e^{-2t}\cos 2t + 4e^{-2t}\sin 2t + 3e^{-2t}\sin 2t - 3e^{-2t}\cos 2t$$

これらの式に $t = 0$ を代入すると

$$x = -2$$

$$\dot{x} = 4 - 3 = 1$$

このことから，求めた答えは与えられた初期条件を満足する。

【4】 単位インパルス応答関数 $h(t)$ のラプラス変換は式(*10.22*)から

$$H(s) = \frac{1}{m(s^2 + \omega_n{}^2)} \tag{1}$$

$f(t)$ のラプラス変換は

$$F(s) = \frac{a}{s^2} \tag{2}$$

応答のラプラス変換は

$$X(s) = \frac{1}{m(s^2 + \omega_n^2)} \frac{a}{s^2} \tag{3}$$

式(3)の右辺をつぎのように部分分数に分解する。

$$\frac{1}{m(s^2 + \omega_n^2)} \frac{a}{s^2} = \frac{a}{m}\left(\frac{As + B}{s^2 + \omega_n^2} + \frac{Cs + D}{s^2}\right) \tag{4}$$

両辺に $ms^2(s^2 + \omega_n^2)/a$ を乗じると

$$1 = s^2(As + B) + (s^2 + \omega_n^2)(Cs + D)$$
$$= (A + C)s^3 + (B + D)s^2 + \omega_n^2 Cs + \omega_n^2 D \tag{5}$$

式(5)はどのような s に対しても成り立つ。したがって，s の同じべき乗に対する両辺の係数が等しくなければならない。このことから

$$\left.\begin{array}{l} A + C = 0 \\ B + D = 0 \\ \omega_n^2 C = 0 \\ \omega_n^2 D = 1 \end{array}\right\} \tag{6}$$

式(6)から

$$A = C = 0, \quad B = -\frac{1}{\omega_n^2}, \quad D = \frac{1}{\omega_n^2}$$

したがって，式(3)と式(4)から

$$X(s) = \frac{a}{m}\left(-\frac{1}{\omega_n^2}\frac{1}{s^2 + \omega_n^2} + \frac{1}{\omega_n^2}\frac{1}{s^2}\right)$$
$$= \frac{a}{m\omega_n^2}\left(\frac{1}{s^2} - \frac{1}{\omega_n}\frac{\omega_n}{s^2 + \omega_n^2}\right) \tag{7}$$

逆ラプラス変換すると

$$x = \frac{a}{m\omega_n^2}\left(t - \frac{1}{\omega_n}\sin \omega_n t\right) \tag{8}$$

(注)　**例題 10.5** のように，式(5)の s に適当な値を代入して得られる連立方程式を解いても同じ結果が得られる。

【5】　運動方程式はつぎのように書くことができる。

$$\ddot{x} + 2 \times 0.01 \times 2 \times \pi \times 15\dot{x} + (2 \times \pi \times 15)^2 x = f(t)$$

初期条件を 0 として両辺をラプラス変換すると

$$s^2 X(s) + 1.88s X(s) + 8\,880 X(s) = F(s)$$

$$\frac{X(s)}{F(s)} = \frac{1}{s^2 + 1.88s + 8\,880}$$

$s = i\omega$ を代入すると

$$\frac{X(i\omega)}{F(i\omega)} = \frac{1}{8\,880 - \omega^2 + 1.88i\omega}$$

両辺の絶対値をとると

$$\frac{|X(i\omega)|}{|F(i\omega)|} = \frac{1}{\sqrt{(8\,880 - \omega^2)^2 + (1.88\omega)^2}}$$

入力の振幅が $1\,\mathrm{kN}$ であるから $|F(i\omega)| = 1\,000\,\mathrm{N}$ である。したがって，定常応答振幅は

$$|X(i\omega)| = \frac{1\,000}{\sqrt{(8\,880 - \omega^2)^2 + (1.88\omega)^2}}\ \ (\mathrm{m})$$

位相角は

$$\phi = -\tan^{-1}\left(\frac{1.88\omega}{8\,880 - \omega^2}\right)$$

【6】 運動方程式は $f(t) = F\sin\omega t$ として

$$\left.\begin{array}{l} m_1\ddot{x}_1 + k_1x_1 + k_2(x_1 - x_2) = f(t) \\ m_2\ddot{x}_2 + k_2(x_2 - x_1) + k_3x_2 = 0 \end{array}\right\} \tag{1}$$

x_1 および x_2 のラプラス変換をそれぞれ $X_1(s)$ および $X_2(s)$ とし，初期条件を 0 として式(1)をラプラス変換すると

$$\left.\begin{array}{l} m_1s^2X_1(s) + k_1X_1(s) + k_s\{X_1(s) - X_2(s)\} = F(s) \\ m_2s^2X_2(s) + k_2\{X_2(s) - X_1(s)\} + k_3X_2(s) = 0 \end{array}\right\} \tag{2}$$

式(2)をまとめると

$$\left.\begin{array}{l} (m_1s^2 + k_1 + k_2)X_1(s) - k_2X_2(s) = F(s) \\ -k_sX_1(s) + (m_2s^2 + k_2 + k_3)X_2(s) = 0 \end{array}\right\} \tag{3}$$

$X_1(s)$ および $X_2(s)$ について解くと

$$\left.\begin{array}{l} X_1(s) = \dfrac{(m_2s^2 + k_2 + k_3)F(s)}{(m_1s^2 + k_1 + k_2)(m_2s^2 + k_2 + k_3) - k_2{}^2} \\[3mm] X_2(s) = \dfrac{k_2F(s)}{(m_1s^2 + k_1 + k_2)(m_2s^2 + k_2 + k_3) - k_2{}^2} \end{array}\right\} \tag{4}$$

$s = i\omega$ とおくと

$$\left.\begin{array}{l} X_1(i\omega) = \dfrac{(k_2 + k_3 - \omega^2 m_2)F(i\omega)}{(k_1 + k_2 - \omega^2 m_1)(k_2 + k_3 - \omega^2 m_2) - k_2{}^2} \\[3mm] X_2(s) = \dfrac{k_2F(i\omega)}{(k_1 + k_2 - \omega^2 m_1)(k_2 + k_3 - \omega^2 m_2) - k_2{}^2} \end{array}\right\} \tag{5}$$

定常応答振幅は式(5)の絶対値をとると

$$\left.\begin{array}{l} |X_1(i\omega)| = \dfrac{(k_2 + k_3 - \omega^2 m_2)|F(i\omega)|}{(k_1 + k_2 - \omega^2 m_1)(k_2 + k_3 - \omega^2 m_2) - k_2{}^2} \\[3mm] |X_2(i\omega)| = \dfrac{k_2F(i\omega)}{(k_1 + k_2 - \omega^2 m_1)(k_2 + k_3 - \omega^2 m_2) - k_2{}^2} \end{array}\right\} \tag{6}$$

索　　　引

―― 著 者 略 歴 ――

1976 年　東京都立大学工学部機械工学科卒業
1976 年　東京都立大学工学部機械工学科助手
1985 年　工学博士（東京都立大学）
1987 年　東京都立工業高等専門学校講師
1990 年　東京都立工業高等専門学校助教授
2001 年　東京都立工業高等専門学校教授
2006 年　東京都立産業技術高等専門学校教授
2019 年　東京都立産業技術高等専門学校名誉教授

機 械 力 学（増補）
Dynamics of Machinery　　　　　　　　　　　　　　　　　　© Shigeru Aoki　2004

2004 年 9 月 10 日　初版第 1 刷発行
2018 年 4 月 30 日　初版第 13 刷発行（増補）
2023 年 12 月 15 日　初版第 19 刷発行（増補）

検印省略	著　者	青　木　　　繁（あおき しげる）
	発 行 者	株式会社　コロナ社
		代 表 者　牛来真也
	印 刷 所	新日本印刷株式会社
	製 本 所	有限会社　愛千製本所

112-0011　　東京都文京区千石 4-46-10
発 行 所　株式会社　コロナ社
CORONA PUBLISHING CO., LTD.
Tokyo Japan
振替 00140-8-14844・電話 (03) 3941-3131 (代)
ホームページ　https://www.coronasha.co.jp

ISBN 978-4-339-04484-3　C3353　Printed in Japan　　　　　　（安達）

ロボティクスシリーズ

（各巻A5判，欠番は品切です）

- ■編集委員長　有本　卓
- ■幹　　　事　川村貞夫
- ■編集委員　石井　明・手嶋教之・渡部　透

定価は本体価格＋税です。
定価は変更されることがありますのでご了承下さい。

図書目録進呈◆

機械系コアテキストシリーズ

(各巻A5判)

■編集委員長　金子　成彦
■編集委員　大森　浩充・鹿園　直毅・渋谷　陽二・新野　秀憲・村上　存（五十音順）

定価は本体価格+税です。
定価は変更されることがありますのでご了承下さい。

‖‖‖‖‖‖‖‖‖‖‖‖‖‖‖‖‖‖‖‖　図書目録進呈◆

機械系 大学講義シリーズ

（各巻A5判，欠番は品切または未発行です）

■編集委員長　藤井澄二
■編集委員　臼井英治・大路清嗣・大橋秀雄・岡村弘之
　　　　　　黒崎晏夫・下郷太郎・田島清瀬・得丸英勝

定価は本体価格＋税です。
定価は変更されることがありますのでご了承下さい。

‖‖‖‖‖‖‖‖‖‖‖‖‖‖‖‖‖‖‖‖‖ 図書目録進呈◆

機械系教科書シリーズ

（各巻A5判，欠番は品切です）

- ■編集委員長　木本恭司
- ■幹　事　平井三友
- ■編集委員　青木　繁・阪部俊也・丸茂榮佑

定価は本体価格＋税です。
定価は変更されることがありますのでご了承下さい。

図書目録進呈◆